后浪出版公司

环保的暴力

（捷克）瓦茨拉夫·克劳斯（Václav Klaus）著

宋凤云（Song Fengyun Vojtová et al）译

Blue Planet in Green Shackles

世界图书出版公司

北京·广州·上海·西安

"那么，现在你相信变暖了么？"

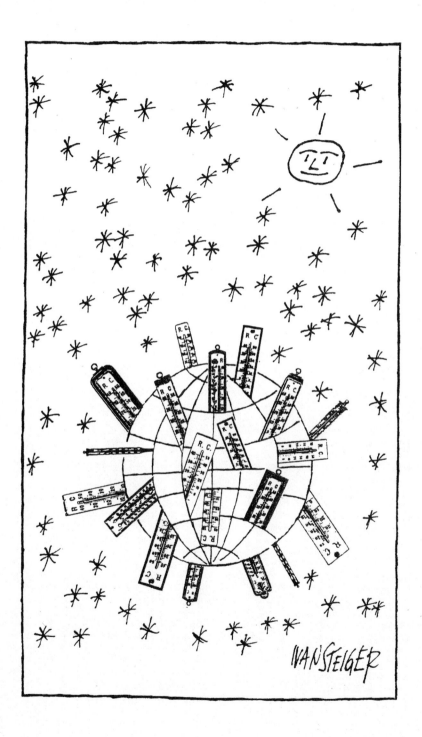

序言 对"全球增温"的思考和选择

为捷克总统瓦茨拉夫·克劳斯先生的《环保的暴力》作序，我颇费思考。读完全书后，把自己的感想写出来也是一件困难的事，而且很可能不合时宜。但有些事关乎大计，不得不说。

当下，"低碳生活"、"低碳城市"、"低碳经济"、"碳交易"成了流行语，有的人一开口挺时尚的："你低碳了吗?"——"低碳"毕竟上升到了发展的方向或路径层面。这些以"限制碳排放"为目标的严厉措施或行为约束，似乎为了一个宏大的目标，即阻止"全球气候增温"，抑制随之而来的海平面上升等等生态灾难。但细想，却又不知决定的"巨手"在哪里，有没有更清醒清晰的方向。

应当坦率地承认，瓦茨拉夫·克劳斯先生是一位有远见卓识的政治家和经济学家，目光敏锐，观点犀利。本书的观点真是振聋发聩——虽然有时政治的眼光同样会导致立论的偏激，但他真实地指出了当前在阻止"全球气温变暖"旗号下，要求各国必须减少"碳排放"，同时制订了不少相关的"游戏"规则，在貌似科学与正义堡垒的背后，其实只是一些发达国家政治家们强加给世界的"真理"，是"政治强加于科学之上的效应"。

确实，世界上不乏有创见的一流科学家，但人们很难听到他们发表对全球变暖问题的看法——事实很可能如瓦茨拉夫·克劳斯先生所指出的，他们受到了"傲慢的警告"，几乎都无法发表不同的意见。瓦茨拉夫·克劳斯先生认为，全球变暖，主要由人类活动引起——而且仅认为是碳排放造成——只是一种假说，是被无限扩大的"链式推理"。

现在以这种假说为前提的环保行动以及相关的税收政策，几乎主导了世界，"与其说是自然科学毋宁说是社会科学，与其说是气候学不如说是经济学"。确实，这种"学术成果"使一些科学家名利双收。如同人权问题一样，政治家们轻而易举占据了道义和科学的"制高点"，对发展中国家和新兴国家有了特别的话语权，而企业家们则大有利可图——比如，设置新的技术门槛和技术壁垒，推销装备和技术。在"全球增温"解释权被少数人垄断之后，一位荷兰物理学家对此曾表示，起初感到不安，现在则感到"生气"。瓦茨拉夫·克劳斯先生补充说："生气的对象还有一些政治家们。"

因为从事环境和政治新闻报道，从20世纪90年代开始，我一直关注"全球变化"问题。"气候增温"只是全球变化的一个组成部分。

20世纪60年代后期开始，非洲大旱持续到1984年；1960年开始，南太平洋多次发生厄尔尼诺事件，众多国家和地区出现气候异常和严重的旱涝灾害，与这些灾害相联系的还有大气环流异常和海洋异常。

国际科学联合会理事会从20世纪90年代开始实施全球变化计划——国际地圈、生物圈计划（IGBP），旨在对全球系统相互作用的物理、化学和生物过程，生态系统与人类活动的关系，进行多学科研究。世界气候计划（WCP）、热带海洋和全球大气试验（TOGA）等，也应运而生。这些研究是多学科、开放式的，经各国众多领域科学家的努力，仍远未获得一致的结论。

可以说，地球学科的视野，从来没有像今天这样广阔。同时,在全球变化这个巨系统面前,我们也从来没有像今天这样意识到自身的不足与局限。

地球系统的生态圈是由大气圈、水圈、生物圈和岩石圈组成的。地球的各个圈层,是相互作用的整体,同时它又是开放的,和外界存在物质与能量的交换。从根本上来说,地球大气和海洋运动以及生命活动,其能源都直接或间接来自于太阳的辐射,即所谓"万物生长靠太阳"。从物理成因来看,引起一年四季温度变化的直接原因,是各地在春夏秋冬的日照量不同,这是地球绕太阳公转时,黄道面和赤道面有着一个约 $23°27'$ 的夹角所致——直射的阳光在南回归线与北回归线之间不断移动。

在中高纬度的大陆,一年中冬季和夏季的月平均气温可差 20—60℃ 之多——这种温差的变幅,远超出现在谈论的零点几度的增温。因此,人类对于太阳活动或与此有关的种种变化,给予了特别的关注,但对于"太阳的作用,是人类完全鞭长莫及的"。

现在,有人告诉你,在薄薄有大气圈中——确切地说,在对流层中,由于二氧化碳等温室气体含量的增加,导致了大气增温。其原因是,大气中的二氧化碳对于太阳的短波辐射是透明的,而对于地表向外放射的长波辐射(主要在 13—17 微米的波谱区),则具有强烈的吸收作用。

确实,自工业化以来,大量燃烧煤炭和石油,以及森林的破坏、减少,使大气中的二氧化碳含量大为增加,据说二十多年后,可能比工业化前增加一倍。——但毕竟,二氧化碳只是一种微量气体,在大气中的含量为 0.039%,或者说万分之三左右,而且还随季节变化有所不同。根据全球大气环流模式模拟试验,引起大气增温的参数相差相当悬殊,大气增温在 1.5—4.5℃ 之间,海平面上升 0.2—1.4 米。但考虑了海气相互作用之后,其增温幅度可能要比这个值低一些。(《全球变化》,任振球

3

著,科学出版社)——如果模拟试验的数据有 3 倍之差,而且实际增温幅度可能更低一些,则很难说获得了一致的肯定的结论,这只能表明科学本身存在很大的争议。

"低碳生活"、"低碳城市",好像当今世界的环保只纠缠在大气中万分之几的"二氧化碳"含量的变化上,对与人们生活息息相关的水、大气和土壤污染,反而不那么看重了。——这的确是环境保护主题的"嬗变"。

应当承认,二氧化碳并不仅仅影响阳光的照射,还可提高农作物的光合作用,提高玉米的产量,历史上的暖湿时期,大多雨量也比较充沛。二氧化碳对地球长波辐射的影响,导致了地球表面温度的升高,其实已经有诸多难解的纠结。它与人类活动的关联度究竟有多少?其中有多少是人类生存发展的基本需求所致?多少是可以限排减排的?其投入与成本是否经济?

真正的科学决非随心所欲的言词发挥。比如 20 世纪已经有研究表明,种植水稻会导致大量二氧化碳产生。西方曾有不少人提出限制中国和东南亚国家水稻的种植面积,并以此来减少二氧化碳的排放。在粮食缺乏和饥荒阴影挥之不去,穷人基本的生活都没有得到保障的国度里,限制水稻种植会大大推高国际粮价,他们买得起进口的小麦和面粉吗?

对于全球变化,我们无法回避这个学科最朴素、最本质的问题。而人类,特别是发展中国家要付出多少经济代价,在多长的时间尺度上,才能"管控"住大气万分之几的二氧化碳含量发生变化——在这期间,会不会因荒漠化的扩展、火山爆发和天文因素等,使这一切努力完全付诸东流,成为一个打水的竹篮?

在地质年代和冰河时期,大气中的二氧化碳含量也是变化的。有研究表明,大气二氧化碳含量在三大冰期内都是比较低的,在第四纪大冰期内,末次冰期的盛期,二氧化碳仅为现代的一半,而在间冰期内,二氧化碳含量却比较高。——但这些显然与人类无关。

一些人以为,气候变化似乎都是以亿年、万年为尺度,其实并不尽然。有史以来,地球上就多次出现过暖湿和干冷期。距今3400年前附近,我国处于殷商温暖时代。东周至秦汉时代,也处于一个温暖时期。在公元4—6世纪气候变冷后,唐代也有个转折,温度比现在高,这一直持续到公元9世纪才变冷。一般地说,温暖时期植物繁茂,光合作用消耗的二氧化碳也多。

17世纪的小冰期,平均温度也比现在低2℃左右。进入20世纪以来,北半球温度也有几次大的波动。其中20世纪初和60年代以后,为两个低温时期,气温平均有0.4℃左右的下降,只是到20世纪80年代后,才连续出现暖冬和创纪录的高温。有天文学家认为,在千年和百年两种时间尺度下,冷暖变迁是由于九大行星地心会聚的参数变化引起的,19世纪北半球气温变化与地球自转速度变化有关。——总之,太阳与地球的关系变化对大气温度的影响,要比人类大得多,这是毫无疑问的。

海平面的升高,世界各地各不相同,中国的南海、东海、黄海差异也很大——有的还呈下降态势。否则,一些岛国早就遭到没顶之灾了。我只是想以此说明,关于全球变暖的研究,还有很多工作要做,还有诸多不确定性,其决定因素的指向,很可能不是单一的"碳排放",而是多元的综合。

瓦茨拉夫·克劳斯先生视野开阔,旁征博引,他毫不掩饰自己的观点,曾在联合国气候大会等重要国际讲坛上发表演讲,回答美国国会众议院与商业委员的提问。他认为,与影响气候的大自然的力量强度相比,任何政策应当客观地评估人类文明所具有的潜力。试图控制愈加频繁的太阳活动或大洋环流运动的做法,是对社会资源的浪费。采纳各种成本高昂、以消耗稀缺资源为代价的方法,以阻止不可能被阻止的气候变化,实际上忽视了每一项政策措施都必须以经济成本分析为依据。各国的发展、收入和财富水平各不相同,却要做出全球的、整体的和一致的解决方案,付出的代价未免太过高昂,也不公平。

希望大家都能读一读《环保的暴力》这本书,它从另一个角度提出了许多令人深思的问题。中国是一个发展中大国,煤炭占一次能源的 70%左右,煤炭为主的能源结构不可能有根本性的变化。节能减排是我们长期的任务,但减排的绝不仅仅是二氧化碳,而应该是污染物。——在实行节能减排的过程中,层层下达指标,以致不少地区都出现盲目的"拉闸限电",甚至限制城市民用电等现象,这给群众生活和经济运行造成很大的困难。在"黑暗中摸索",回到发展的原点,不是我们的初衷。正像瓦茨拉夫·克劳斯先生所说的,发展中国家抵御气候变化的风险,最有效的是加快自身的发展。

是的,我们从电视新闻中看到,格陵兰的夏天冰川在不断解体,跌落的冰山随洋流漂移;可同时,在暗夜南极的冰盖上迷漫着暴风雪——这是电视镜头不可能拍摄到的。地球和太阳都按照既定的轨迹运行着,一年四季也在继续轮回,几乎每年不同地区都有极端的天气出现,有创纪录的高温或低温。仰望星空,我们应该多一些问号,多一些思考,多一些求索。

是为序。

朱幼棣

2012 年 7 月

(朱幼棣,学者、作家。曾为新华社著名记者、国务院研究室司长。现为东华能源股份有限公司董事、研究员。著有《后望书》《大国医改》等,新作《怅望山河》将于 2012 年 9 月出版)

致中国读者

我的《环保的暴力》一书的捷文原版已在五年前，于2007年发行。

在此之后，又出现了很多新的证据、新的信息及观点，还产生了一批新的全球变暖批评家及维护者。在全球互联互通的当今世界，五年是一段不短的时间，足以能够让我们回首往故，以时间距离来评估本书所阐述的宗旨。过去的几年中，我本人对全球变暖问题也有了更多的认识。曾经出版时长达十页的参考文献目录，现在我可以几倍地加长。但是，假如让我尝试将全书彻底改写，那么，我不会作任何根本性的修改。

有关全球变暖的争论一直在进行——有些方面发生了很多变化，而其他方面则几乎毫无进展。越来越多的来自非专业的还有科学界的批评者在面对这一论调时毫无畏惧，挺身而出。他们在全世界范围内大量出版新的文章、研究专论及书籍。他们论证说，地球上的气候自古以来实际上一直处于自然的发展和变化之中，将温度的缓慢上升归罪于人、归罪于人类生活活动的论调，是完全站不住脚的，是毫无根据的。

然而，全球变暖论调在当今政坛仍火力不减，所以仍然有很多政客、公众人物、社会党人及左派的知识分子们，对此津津乐道，将全球变暖要么变成其盈利的生意，要么变成他们反抗自由、对抗市场及与资本主义斗争的有效工具。这一论调，经常被其维护者们引证为"至上之善"和"拯救世界"，它不仅仅是错误的、无用的无聊之论，而且最主要的是，它是有害的，因为它威胁到了个人自由，其采用的形式则是形形色色的国家补助和调控，这严重地影响到经济的自然发展运行。

近年来，尤其是来自科学界的批评意见日益增长，全球变暖论调维护者们周围还有丑闻发生，与此同时，以往的"气温歇斯底里症"却在减退。当今的人们拥有各种各样的信息渠道，他们开始对全球变暖这一问题作批评性的思考，而不再如从前那样相信那些激进的言论了。全球变暖论者们则由此改变了策略，将他们的警告声调放低。然而，由他们引发并掀起的一系列措施，正上演愈烈。

由此我认为，我在 2007 年出版的书中所倡导的观点，仍具有活力与现实性。过去的几年中，*Blue Planet in Green Shackles* 一书被翻译成 18 种语言出版发行，除去我用母语书写的捷克文版，还有德语、荷兰语、英语、俄语、波兰语、西班牙语、保加利亚语、意大利语、法语、斯洛文尼亚语、阿尔巴尼亚语、丹麦语、阿拉伯语、日语、葡萄牙语、黑山语和印度尼西亚语版本。中文版本将成为其第 19 种语言版本。

我要感谢所有为本书中文版发行而工作的各位人士。中国是世界人口最多的国家，是世界人类文明、科学与文化的摇篮之一，也是当今世界发展最快的经济大国之一，她富有无限的自然资源和勤劳的人民。这本书能够被这个国度的读者所阅读，我感到非常欣慰。

在这本书里，我着重区分两件事情，这就是，一方面合理地保护生活环境，另一方面是围绕着全球变暖话题所漫布的荒谬的恐慌。我要强调的是，我们应该有效地利用自然资源，我们应该保护生活环境，但绝不应该试图对气候指手画脚，就所谓的气候变化之战采取一系列措施,牵涉全世界所有国家,限制这些国家的兴旺繁荣与经济增长。

Václav Klaus
瓦茨拉夫·克劳斯
2012 年 7 月

目　录

前　言

　　我们生活在一个特殊的年代。一个特别温暖的冬天足以让环保人士和他们的追随者产生影响深远的结论，并衍生出要采取激进措施的建议，认为我们应针对气候的问题做点什么，就在此时此刻。这种小题大作完全不考虑长期趋势，比如整个 20 世纪平均气温仅仅上升了 0.6 摄氏度。

　　一个事件紧接着另一事件。全球电影院上映了阿尔·戈尔（Al Gore）获奥斯卡奖的、看似是纪录片的影片。由英国首相托尼·布莱尔预订的《斯特恩报告》[①]（Stern Review, 2006）炫耀式发布。还有——与其称为专业性毋宁说是政治性的——联合国政府间气候变化专门委员会（IPCC, 2007）第四次报告总结，早在出版前几个月就已经出现在报刊头条。由此可见，政治家们的正确水准，已经一锤定音，强加给我们的却只有一种唯一认可的真理。所有其它的观点都被标为不可接受。英国环境部部长在不久前曾经讲到，正如同不允许恐怖分子在媒体露面一样，全球气温变暖论的怀疑分子们也将无权在媒体发表言论。令人遗憾的是，这种思想上的压力在人类历史上已不是第一次

―――――――――――

[①] 斯特恩报告，由经济学家尼古拉斯·斯特恩为英国政府撰写的有关气候变化对经济学具有影响的一个报告。该报告长达 700 页，于 2006 年 10 月 30 日公布。

出现。阿尔·戈尔获诺贝尔和平奖只是冰山一角。

我同意迈克尔·克莱顿(Michael Crichton)所说的观点："人类面临的最重要的事情是,将现实与想象区分开来,将真理与舆论区分开来。这在我们的信息时代(在我看来更应说是伪信息时代)特别地紧迫,特别地重要。"(迈克尔·克莱顿,2003)这本小书也希望对此课题发表看法。

全球变暖论在近期已经成为真理对舆论这一问题的一种象征和范例。由政治家们公认的真理已经被建立起来,反驳它并不是一件容易的事。尽管不少人士,其中不乏世界一流的科学家,对气候变化的课题、其原因及后果持有完全不同的观点。他们受到全球变暖假说以及其衍生假说的拥护者傲慢的警告。这些假说将全球变暖问题与一些特殊的人类活动关联起来。他们担心这些计划或已经实施的措施将会危及他们所有人——而且很快将会如此。我本人,也和他们持一样的担忧和焦虑。

这些假说的辩护者及鼓动者大多数是因研究这一现象而在经济与科学认可方面名利双收的科学家们,和与其合作的政客们(还有政客们的学术与媒体追随者们)。这对他们从政来说是很具吸引力的话题上,有助于建设他们的政治事业。

对此,我与荷兰物理学家亨德里克·特内格斯(Hendrik Tennekes)具有同样的感想。他曾于1990年就对这些论调发表了激烈的抗议,如今,他意识到有必要再次进行呼吁。他解释道在1990年和2007年之间产生了一个关键性的区别:"那个时候我只是感到不安,而现在我却是生气。"他补充道,生气是对他的科学同仁们。我要补充的是,生气的对象还有一些政治家们。

亨德里克·特内格斯引用 S·H·施耐德(S. H. Schneider)于1976年引自哈维·布鲁克(Harvey Brook,那时是哈佛大学工程学院的院长)讲的话:"科学家们不能再对公开发表的科学观点所带来的政治后果抱天真的态度。如果他们的科学观点具有政治性繁殖力,那么他们有义务声明他们的科学观点可能在政治及价值观方面所产生的影响。他们应该在其本身推测对他人所作出的科学论断究竟有多大影响方面,对他们自己、他们的同仁、他们的读者,保持诚实和正直。"这一点是接下来我的探讨中关键的主题。

我与麻省理工学院 R·S·林德森(R. S. Lindsen)教授所见略同。他在不久前写道:"后来人将会对此感到惊奇,并觉得有些好玩,21 世纪初一个发达世界竟然会因地球表面平均温度升高零点几度而惊慌失措,将非常不确定的电脑模型预测与难以置信的链式推理结合夸大,并且以此为根据,主张重返工业革命前的年代。"(引自 Horner,2007)

这些事情也是这本薄册里所要讲的。这本书产生于 2007 年的头 3 个月,是我全职就任捷克共和国总统职务期间产生的副产品。所以与其说是进行原始研究,毋宁说是摘录引言罢了。本书只是自然科学领域非专业人士知识,别无其他奢望。但我也不视此为不足。全球变暖的话题,与其说是自然科学,毋宁说是社会科学,与其说是气候学不如说是经济学,与其说是谈论温度平均上升零点几摄氏度,不如说是讲人及人的自由的问题。

在 2007 年 3 月中旬,我即将完成这本书的时候,我接到邀请,为美国众议院所谓的"听证会"("hearings")与前副总统阿尔·戈尔以回答五个提问的形式进行对立答辩。我回答的捷克文版本作为本书的附录一。2007 年 9 月,我在纽约的联合国全球气候会议上作了演讲。演讲内容作为本书的附录四。

我非常感谢多位同仁和朋友们对我的观点所作的提炼。近期我感受到非常有意义的谈话，尤其是与伊希·外格①（Jiří Weigl）和杜山·提斯卡②（Dušan Tříska）（及其对文本提出的意见），还有与哈佛大学卢波什·摩陶③博士（Dr. Luboš Motl）、弗吉尼亚大学（University of Virginia）的弗雷德·辛格教授（Fred Singer）的电子邮件往来。

实际上，作为当今全世界这一讨论的见证人，可以说，连我也不仅仅是感到不安了，我也很生气，于是写出如下文字。

2007 年 3 月 25 日

---

① 伊希·外格，捷克经济学家，捷克共和国总统办公室主任。

② 杜山·提斯卡，经济学家，物理学工程师，律师，捷克共和国总统顾问。

③ 卢波什·摩陶，捷克理论物理学家，哈佛大学博士，布拉格查理大学硕士。

第一章

环保VS环保主义

问题的界定

- 岌岌可危的是人的自由
- 环保主义作为一种类似宗教的意识形态
- 它也具有一些专制主义特点
- 作者关于阿尔·戈尔及其评论文章的争论
- 经济在这场争论中的重要性

尽管就环境问题我反复地在发言并写作，但却都不是很系统。所以长时间以来，我一直考虑就生活环境，尤其是所谓的全球变暖——这场在当今是如此敏感的，并以如此不公正、不理性的方式在进行着的争论，向公众表达我更完整一些的看法。因为我一直都在不安地关注着，这个话题正越来越甚地成为当前意识形态和政治领域根本性的纷争。虽然毫无疑问它只是代替性的话题，而这，也正是我想要强调的。

　　显然，当前纷争的主题是关于人类自由的——我再次强调这与生态环境无关。这些主题在相对富裕、较为发达的国家比在较不发达国家（较穷国家）更受到关注。而在相对贫穷的较不发达国家里，人们通常更关心的是其他（更为现实）的问题。但毫无疑问的是，正是这些相对贫穷国家，更有可能在这种（根本与他们无关的）纷争中受到最大的牵害。这些国家正在成为环保主义者的"人质"。这些环保主义者的主张是要以巨大的代价来阻碍人类的进步。最终的受害者将是那些最贫穷的人们。而他们野心勃勃的主张实际上几乎不会收到任何成效。**比约恩·隆伯格**（Bjørn Lomborg）说得好：兑现阿诺·戈尔（Al Gore）的所有建议（以巨额的财政支出为代价），只能带来如此可笑的后果，即，假如当今环境大灾难论者们设想中的情形成真的话，那么孟加拉国沿海地区居民被所谓上升的海平面淹没的场景将不会在 2100 年发生，而是在 2105 年到来！所以，他也和我一样，确信我们应该做些与此完全不同的事情，做一

> 孟加拉国一有人死于洪水，航空公司的老总之一便立即被从办公室拖出去淹死。
>
> 乔治·蒙贝尔特（George Monbiot）
> 《卫报》专栏作家，2006

些能够产生真正效果的事情。

在深入探讨之前，我首先要大声地，就这一话题，表达我对古典派自由主义者们，这个几近被判灭绝的人种所持观点完全的赞同。古典派自由主义者们所言极是：**在20世纪末21世纪初，对自由、民主、市场经济和社会繁荣构成最大威胁的，已不是专制主义**（而且在丝绒革命17年后的今天，绝对更不会是它的那种极端版本，也就是我们捷克人亲身体验过的那种专制主义的版本），而是，那种野心勃勃的、自大的、肆无忌惮的环保主义政治运动**意识形态**。这场**政治运动最初源于谦逊的、或许其初衷本身是具有一定善意的环境保护主题**，但却逐渐自我嬗变成为一种几乎**与大自然毫不相关的环境主义论调**了。

这股意识潮流在当今，已经成为那些完全彻底地以人类自由为主旨的意识形态的主要替代形式。环保主义是一种企图激进地，不计后果地（以对个人自由的严苛限制和人类生命为代价）改变世界的运动。它企图要改造人、改造人类行为、改造社会结构和价值体系——简而言之，要改造所有一切。

为避免误会，我需要澄清，我的目的不是要干预自然科学或生态科学的研究。**事实上，环保主义与自然科学毫不相干。而更为糟糕的是，环保主义与社会科学令人遗憾地亦无任何共同之处，即便其活动范围是在社会科学的领地之内。**从这一角度看，环保主义显示出（某些）自然科学学者天真无邪的状态，他们在自己的学科领域内严格遵循科学原则，而一旦跨出其研究领域，便将科学原则完全抛诸脑后，遗忘殆尽了。

无论环保主义如何招摇其科学性,其本质实际上是一种形而上的意识形态。它拒绝实事求是地看待真实世界、大自然以及人类,拒绝正视其自然演化进程。它绝对化地看待世界和大自然的现状,并把这种现状强行划归为碰不得的标准,把其任何一种变化都宣称为致命性的危险。

阿尔·戈尔在其不久前发表于纽约的并被广泛转载的演讲里明确表示"我们目前正濒临一场全球性的灾难","倘若我们在 10 年时间之内不采取措施,将无法躲过一场不可避免的毁灭,人类文明在地球上将丧失栖身之处。"(纽约大学法学院,2006 年 9 月 18 日)这一论断简直荒诞不经,可以称得上是危言耸听、谎报军情了。此类宣言,以及其他种种,完全忽略了一个事实,**那就是在我们这颗行星的历史进程中,大陆和海洋的状态及形状,动物和植物物种的构成,大气层的演变等等,都曾经经历过持续的变迁**。其变迁原因既有内生性的、复杂的自然机制,也有人类不可控制的外生性因素 。这些机制——例如太阳的作用——是人类所完全鞭长莫及的。

在过去的几千年中,人类也已经毫无疑问地成为导致这些变迁的因素之一。对环保主义者们而言——他们的想法不仅仅是象征性的了 ——事实上人类活动成为一个外生性因素。地形地貌特征因人类行为而发生了根本性的改变,动物和植物物种增加了,某些局部的气候发生了变化。然而,除了少数地方性的例外,人类活动对于过往及现今的变迁,其影响重要性究竟如何至今仍很不清楚。

假如把当代环保主义者们的标准应用于譬如人类进化过程中的各个历史时期,我们或许不得不得出以下结论:人类是一场永恒的生态灾难目击者,也是肇事者。我们将过去的生物栖息地变成了耕种区域,将原有的花草树木挤出去,并以农作物取而代之,结果导致了气候变化(或由于灌溉,或由于森林砍伐造成的沙漠化,或由于放牧造成的植被减退)。然而,正常思维告诉我们不应该这样下结论。从当前环保主义者的视角来看,对欧洲中部原始森林的砍伐无疑是一场可怕的生态灾难。然而,中欧的森林为新的、不同的文化景观所取代,形成我们今日环顾四周所见到的景观,而且坦率地说,较之已经不复存在的原始森林,这是更容易让人接受的风景线——而且绝不仅仅是从审美角度而言。

假如我们仔细审视环保主义者的逻辑,就会发现那是一种反人道的意识形态。因为这种意识形态认为**世界问题的根源在于人类的繁衍**。通过人类智力的发展以及人类重塑自然和利用自然的能力,人类已经突破了原始的自然的范畴。许多环保主义者拒绝将人类置于他们关切和思考的中心位置,这并非偶然。与他们的观点对立的"人类中心主义"(anthropocentrism)一词是否恰当或合适是有争议的,但是——我并且承认——这确实是构成我思想的必不可少的组成部分。而且我的确相信,"人类中心主义"不仅仅是我的观点,也是对全人类整体的一种思考。种族中心主义(ethnocentrism)则完全是另外一回事。建立在将地球神格化基础上的所谓"该亚假说"亦复如是(从基督教视角对这种假说进行的批评,请参阅沙颇[Scharper],1994)。

环保主义者们看来忽视了一个事实,即大部分陆地的现状是人类有意识活动的结果,而那些所谓的**自然保护者们时常提起的争端,所针对的并非任何原始自然,而是人类活动的历史产物**。举例来说,目前没有一个判断特定地区内动物种群的存在是否对人类活动构成障碍的标准,尤其是当这些种群是人类在过去数百年中改造了当地的地貌之后方才迁徙到这一地区时。

环保主义者们甚至漠视这一事实,即大自然——就像人类自身一样——也在不断地寻求并创造适合自身生存的条件。在某些动物和植物物种的生存条件因为人类活动而遭受威胁的同时,对于其他物种,生存条件或许开始变得有利。大自然本身能够对这些变化作出十分灵活的适应。情况历来如此,人类诞生之前就早已是这样了。所以说很多报告计算在过去数十年中走向灭绝的物种的统计数据都是严重误导。尽管如此,这些数据却仍经常被用来作为推行各种保护主义者的禁令、限制等的强有力的论据。动物物种的出现和灭绝只有一个原因:那就是大自然永远都在对变化着的条件作出相应的反应。

一个预先界定的、我们有义务对之进行保护的世界最理想状态,是不存在的。世界的状态,是庞大数量的天文、地理、气候(及许多其他的)因素之间自发互动的结果,也是生物界之中各个成员施加的影响所致,所有这些成员都在不断地寻求最佳条件以繁衍后代。大自然中存在的平衡状态,是一种动态的平衡(**事实上是由庞大数量的局部不平衡组成的一种"趋向性"平衡**)。

环保主义者对待大自然的态度,与专制主义者对待经济问题的态度不谋而合。两者皆旨在以所谓最优的、集中支配的或——用一个当今时髦的形容词来说就是——**"全球性的"世界发展规划来取代世界(和人类)自由自发的演化。**这种方法论,就像其苏维埃式专制

> 今天,西方世界最强大的宗教之一就是环保主义……那里有一个最初的伊甸园,一个天堂般的地方,有与自然和谐统一的完美状态,有吃了智慧树上的果子之后的堕落,也有最后的审判。
>
> 迈克尔·克莱顿,作家,2003

主义的先例一样，是乌托邦式的，所带来的结果只能是与初衷大相径庭、南辕北辙的。与其他乌托邦一样，这一个乌托邦同样也是只能以限制自由、以少数人凌驾于广大群众之上指手画脚来实行（尽管是无法实现的）。

环保主义者们的攻击行动与时俱进，这一不难考证的善变特点使其怪异秉性暴露无遗：因为对他们而言，**具体的批判目标其实并不那么重要。真正重要的是唤起公众的危机感，预言程度大到难以想象的危机，昭示那种威胁的严重性。**一旦成功地营造出这样的氛围，当务之急就是采取行动，迅速行动，立即行动，而且不要为小事而耽搁，也不要因采用必要措施的成本问题而耽搁。在这种气氛下，根本不用考虑什么"机会成本"（即因主次顺序的改变而浪费掉的和未兑现为收入的支出），避弃常规的、所谓"太过拖沓"的议会民主程序，不要等待"普通平民百姓"来理解（因为向他们解释清楚一切太浪费时间），应由那些知道如何去做的人士直接作出决策。

这不是偶然。环保主义诞生之初先是关注河流湖泊中水质及工业化地区的烟雾污染，接着转向了自然资源枯竭话题。细想那本由米都斯等人写作，由罗马俱乐部委托制作的荒谬而著名的《增长的极限》(*The Limits to Growth*)，以一种马尔萨斯式的风格预言"人口爆炸"和人口过多，并重点关注滴滴涕（DDT，双对氯苯基三氯乙烷）、杀虫剂，以及其他化学元素和合成剂。环保主义还发现了"酸雨"，警示我们提防物种灭绝，发现了冰川的消融，海平面的上升，还有所谓臭氧空洞的危险，温室气体效应，直至最后的全球变

> 地球唯一的希望，难道不是工业文明的垮台吗？使之兑现，这难道不是我等的责任吗？
>
> 莫里斯·斯特朗（Maurice Strong）
> 联合国前副秘书长

暖。其中的一些灾难假说很快就被人遗忘了,因为这些问题都被自然的、自发的人类行为有效地解决了。

在过去的一个半世纪中,专制主义者们打着人道和恻隐的旗号——诸如关爱人类、关心人与人之间的"社会"平等、关心人的福祉等——正在有效地摧毁人类的自由。环保主义者们也以不次于之的高尚的口号——他们对自然的关注更超过了对人的关切(让我们回顾一下他们的激进口号:"地球第一"!)——做着同样的事情。在两者的案例中,口号曾经(而且仍然)只不过是个烟幕弹,真正重要的(至今犹然)无非是权力,是"被上苍指定的人们"(他们如此自我评价)的特权,是对我等芸芸众生强行贯彻唯一正确的(也就是他们自己的)世界观,以及改造世界的支配权。

我同意马雷克·罗耶克(Marek Loužek)[①]的观点,他说的环保主义者们"努力试图改革社会秩序,努力消除因自由市场带来的社会及环境保护中的不公平"(Loužek, 2004),其实表达了相似的看法。

捷克共和国工业与贸易部现任部长马丁·西曼(Martin Říman)[②]是捷克的一位重要的反环保主义人士,他多年来的言行证明了这一点。他最新发表的关于这一问题的文章《**欧洲的变暖歇斯底里症**》(*The European Warming Hysteria*,参见参考文献)明确指出,欧盟委员会增加所谓可再生资源份额的决定"与环境保护没有任何干系",而且"与所谓全球变暖的相关度甚至更低"。他认定某些欧洲政客近来野心勃勃地领导抵御全球变暖的战役,是在"浪费精力"。他以下这句话可谓一针见血:"欧

---

① 马雷克·罗耶克,捷克经济学家,社会学家,布拉格查理大学博士。
② 马丁·西曼,前捷克国家政府工业贸易部长,捷克政治家,技术工程师。

洲的先锋地位,比在脖子上套个红领巾还要没有希望。"

我还同意伊万·布列辛纳(Ivan Brezina)①的观点,如在他的文章《作为绿色宗教的生态主义》(Ecologism as a Green Religion, Brezina, 2004, 37—57页)中所说的。这位作者是一位科班出身的生物学家,他非常正确地、严格地将这种"绿色宗教"与"科学生态学"区分开来,这种区别是某些人至今根本不能理解的,或者他们是装作不理解。布列辛纳不认为环保主义(或用他自己的话来讲,"生态主义")是"对真正的生态危机理性而科学的回答"(43页),这场危机——我要补充的是,并不存在——其实是对"当前文明形式"的一种总体否定。激进环保主义是建立在认为问题就隐藏在"现代社会的本质当中"(53页)的观点基础上的,正因为如此,这个社会必须改造。

伊万·布列辛纳还明白无误地对有关阿尔·戈尔本人电能浪费的丑闻,作出了闪电般迅速的回应。在他的文章《变暖宗教大公爵的身上一丝不挂》(The High Priest of the Warming Religion Is Naked, Mladá fronta Dnes, March 3rd, 2007)中,他毫不妥协地揭露了戈尔之流的伪善嘴脸。

英雄所见略同的是,捷克经济学家**卡莱尔·克里氏**(Karel Kříž)也将环保主义视作"一种新宗教"。他非常风趣地问道:"谁应当对捷克的舒玛瓦山区和科尔格诺士山区正在消失的冰川负责?该不是那些青铜器时代骨灰瓮文化时期②的史前人类吧?"

---

① 伊万·布列辛纳,捷克记者。
② 骨灰瓮文化——欧洲青铜器时代晚期最大的人口族群文化,繁盛期从约公元前1200年至约公元前600年凯尔特人的出现为止。

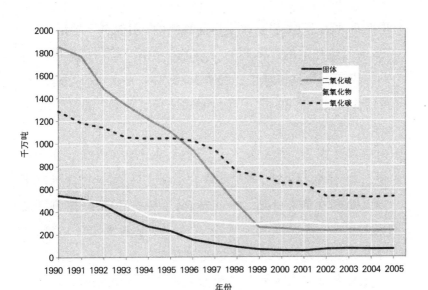

图 1-1　1990—2005 年捷克共和国境内的空气污染
资料来源：捷克水文气象研究院，2006 年

　　我还可以引用持相似观点的其他捷克，尤其是国外作者的论述。可惜的是，这些（还有类似）对环保主义持批评态度的观点，不论是在捷克国内还是在其他地方，如今都为少数派的主张。在当下的氛围中，尤其是在美国和欧洲，并且很明显地——在所有那些无需直接对任何人负责、因而属于"后民主的"如联合国一类的国际组织中，这些观点都被视为政治性错误，并且因此被严重地削弱和孤立。

　　捷克绿党主席**马丁·布尔西克**（Martin Bursík）[1]在他的题为《**千万不要低估生态风险**》（"Let Us Not Underestimate the Ecological Risks"，Bursík，2007）的演讲中毫不掩饰地承认，他实际

----

①马丁·布尔西克，前捷克国家政府副主席，环境保护部部长以及捷克绿党主席，查理大学博士。

上是抱有政治野心，想要改变目前现实的。用他自己的话来讲，
"是在为创造政治的、体制的、经济的生活环境，以确保人类
的——或者更为具体地说，捷克共和国的——可持续发展，进
行政治代表工作"（69 页）。让我们来注意他发言中的这几点：

- 他说到了未来。根本未作出定义的、也无法定义的，"生活环
  境"，根据他的说法，尚待创建。也就是说，对此进行的思考
  都是局限在将来时里。如此而来，这样一种环境，有利于地
  球上的——尤其是有利于捷克的——生物生活的环境，迄
  今从未被创建出来过。这话没有道理。除此之外，这些人似
  乎完全忽视了自专制主义垮台以来在捷克发生的、几乎不
  可思议的环境改善。这种根本性的变化是由友善于环境的
  （却对环保主义者不友善的）市场所"安排"的，是由市场价
  格和私有制联手打造的。布尔西克要么是完全否定这样的
  体制，要么是认为做得还不够。

- 他所谈论的不是局部的变化——经济学家所谓的边际变
  化——而动辄是"全人类"的解救，不幸的是，这是我们曾几
  何时听得太多的那些东西。

- 他仰赖于政治行动，而不是依靠自发的、非政治的、无人策
  划组织的，由数百万明辨是非的人民——出于自身利
  益——理性参与的行动。古典派自由主义信条，即人类的
  "思想和技能"将"总是能够找到解决方案"，根据布尔西克
  的说法，只是"一种无忧无虑的理论"，他对此不以为然。

把舞台从捷克放大到全球规模，取代布尔西克角色的则是
阿尔·戈尔无疑了。早在 1992 年 2 月，我就曾在纽约的一场专

为此问题而举行的电视辩论会上与这位仁兄公开交过手,那场辩论是为即将在里约热内卢举行的会议做准备,今天的很多错误在那场会议上已经做了铺垫,甚至是早已注定了的。阿尔·戈尔声称"我们必须将环境保护列入一个现代化国家的最佳中央组织原则中去",据他所言,所有一切都应以此为中心。这简直是荒谬至极。早在当时,我就几乎无法赞同他所说的任何事情。与此相反,我却非常赞同**比约恩·隆伯格**和 **F·罗丝**（F. Rose）（**《如何使变暖预言家阿尔·戈尔冷却》**）的观点。他们认为阿尔·戈尔正在营建一个"痴迷于环境问题的社会",并且"他正在执行一项宗教使命","由于全球变暖的威胁,要从根本上变革人类文明"。（2007）

我不想评论他极端误导性的"纪录影片",因为把这部片子称作纪录片,是对纪录电影制片艺术的一种侮辱。我的专家顾问之一 **M·佩特里克**（M. Petřík）[1]看过这部片子之后,为捷克版杂志《欧洲》（*Euro*）撰文一篇,题为《**令人不快的愚民之谈**》（"*An Inconvenient Demagogy*", No. 47, 2006）。引用他的话:

这部片子是一场以意识形态和环保主义为导向的讲座,囊括了几乎所有可能囊括在内的不良品性。图表上没有任何刻度、符号或单位,一场纯粹的煽情游戏,连绿色和平分子都会耻于这么做（比如,卡通北极熊不停地游泳,试图寻找一块浮冰栖身;然而它找到的浮冰却太薄,无法支撑它的重量,结果碎掉了;于是北极熊不得不继续游泳,最终难逃死亡的厄运）。影片完全省略了对那些导出所有结论关系、关联性和预测的方法的证明,却将负面预测和即将到来的大灾难最大程度地夸大化。

---

[1] 米哈尔·佩特里克,捷克国家总统专家顾问。

然后,一个政客——唯一的救世主登台了,扭转了乾坤,从而拯救全人类于水深火热中。

阿尔·戈尔的道德观也具有环保主义者的症状。佩特里克写道:

拍这部电影,连戈尔自己的儿子都上阵了。因为戈尔是在爱子受伤之后才顿悟到这个世界什么才是最重要的。同样的,我们也看到了作者自己的姐姐因长年吸烟而死于肺癌。因此,整部影片中充斥着醍醐灌顶、幡然悔悟的情节,这些都是我们在宗教仪式中常见的。

佩特里克的结论是很清楚的:"这部影片的主题既不科学也不生态,最多只是出于政治目的对环境问题和解决途径的滥用。"

我们不妨再考察一下阿尔·戈尔的文学创作功夫。继1992年他的著作《天枰上的地球》(*Earth in the Balance*,也是我们在那次电视辩论中讨论题目之一)出版多年之后,另一本叫做《难以忽视的真相》(*An Inconvenient Truth*, Gore, 2006)的书出炉了。这本书的副标题是"全球变暖带来的全球紧急状态以及我们可以做些什么"。这本书最糟糕的地方就是它以先验论的方法,将本书作者是真理的唯一拥有者的观点强加给读者。戈尔极其自信地摆出他的论点,因为他将问题视作是"道德"问题,毫不犹豫地以相当程度的道德优越感高高在上地慷慨陈词。书中充斥着陈词滥调,诸如"我对地球的激情"("my passion for the Earth")、"行星告急"("planetary emergency")、"可怕的大灾难"("terrible catastrophes")、"生物物种大灭绝"("the extinction of living species")等等(在本书的捷克文版中,谨保留这些词的英文原文,以免读者会以为这些词是我杜撰的)。**我认为他的陈述"人类文明历史上最严重的潜在灾难正在逼近"近乎异想天开**(请参阅戈尔著作的"前言")。他自以为似乎身负"一代人的使命",反对我辈的"玩世不恭"。读他的书令人难过,不过也算是眼界大开了。

另一位不能不提及的环保主义鼻祖之一,**保罗·埃利希**(Paul Ehrlich), 早在 60 年代末就以《**人口爆炸**》(*The Population Bomb*, Ehrlich, 1968)一书出名。到了 70 年代初,他在其另外一本题为《**拯救地球的方案**》(*A Plan to Save Planet Earth*)的书中,甚至建议制定新的美国宪法,良策如下(Ehrlich, 1971):

1. 发达国家(overdeveloped countries)和欠发达国家都必须实行人口控制;

2. 过度发达的国家必须还原化(必须"消除其发达化");

3. 欠发达国家必须半发达化;

4. 必须建立监督和调节世界体系的程序规则,不断努力维持人口、资源和环境之间的最优平衡。

保罗·埃利希甚至建议减少美国当时的 2.05 亿人口,因为他认为这是"不可持续的状态"。请允许我指出,今日的美国人口已经超过 3 亿,而且较之 35 年之前的美国还要富足许多。或许根本无需再加上一条:这只跟人类自由有关,跟环境无关。

与环保主义之间的论争还有一个值得一提的方面,尽管这未必与我们的论争直接相关。多年来,我一直反对(或回避)现在流行的拒绝将政治按左右划分阵营的看法,因为这种看法意味着以各种各样的"第三条路"以及社会工程学方法解决

世界问题。根据这些看法,"左右之争"是应该早已被忘却了的
时代错误。

然而,遗忘之言其实不然。过去一个世纪的恐怖经验令我
们惊醒。在法西斯主义横行的年代,相似的论调曾经甚嚣尘上。
安·布兰姆维尔(Ann Bramwell)在她的著作《**20世纪的生态学**》
(*Ecology in the 20th Century*, 1989)中批判了源于30年代的一
种论调:"那些企图参照大自然改革社会的人,既不左也不右,
而以生态学为考量。"我还同意《纳粹党内的**"绿色派系"及其历
史渊薮**》("Fascist Ideology: The 'Green Wing' of the Nazi Party
and Its Historical Antecedents", 见《生态法西斯主义:德国经验
的教训》[*Ecofascism: Lessons from the German Experience*],
Biehl & Staudenmaier, 1995)一文的作者**彼得·施陶登迈尔**(Peter
Staudenmaier)。 他认为:"许多当代绿党人物高喊的口号——
'我们既不向左也不向右,而是勇往直前'——不仅仅是对历史
的无知,而且在政治上是致命的。"

尽管如此,我问我自己,能否不要如此咄咄逼人?我当然可
以通过一个简单的例子来捍卫传统的左右分野,那就是**环保主
义不过是传统极左在当下的化身而已**,然而我怀疑这样做是否
有帮助。某些说法已经先入为主了,尝试重新界定它们也许没
有太大意义了。在此时就这一点我不打算作出某种决定。

毕竟,捷克国内始于90年代初的论争——经典自由主义
的卫道者与"公民社会"意识形态分子之间的论争——不仅仅
是一种传统式的左右之争。取而代之的是,当时的那些非自由
主义者,被一种奇怪的观念混合体驱使。这种混合体搅入了道
德观念(针对公共领域和私人领域内的人类行为),以及关于市
场和其他重要社会经济体制和政策观念相当过时的看法。然
而,这却不是那种经典的极左主义。当下经典自由主义与所谓

的"欧洲主义(Europeanism)"之间的冲突正是以相同的方式展开的(参见笔者的文章《**什么是欧洲主义？**》[What is the Europeanism?], Klaus, 2006)。

相似的情况实际上正在世界各地发生。R·F·诺列加(R. F. Noriega)在他最近分析拉丁美洲的文章《**未来的挣扎：民粹主义的毒害与民主制的药方**》(Struggle for the Future：The Poison of Populism and Democracy's Cure, Noriega, 2006)中指出，即便在拉美，我们也很难谈论"左右意识形态之间的"经典"之争"。他还称，民粹主义关系到民主制本身的存亡——这基于各个平民领袖通过他们直接推行的观点所掌握的权力。(即便在捷克共和国，自由主义与非自由主义意识形态之间的冲突也是有关自由及民主本质的。)

诺列加提到民粹主义威胁到民主制度，与 M·图比(M. Tupy)[①]对中欧和东欧形势的分析如出一辙，后者在《**民粹主义党派在中欧的崛起**》("The Rise of Populist Parties in Central Europe", 2006.11)一文中指出，"'民粹主义'的界定性特点就是拒绝考虑折衷"(7页)。换言之，拒绝考虑替代方案和拒绝接受以此换彼的折衷方案。这样的态度可以说正是各种"绿色"声明和"绿色"要求的教科书式特征。

很多作者提到了环保主义(尽管在不同时期的名称不尽相同)与其他危险的甚至是赤裸裸的极权主义意识形态——尤其是法西斯主义(或纳粹主义)——之间的历史联系。我在上文中已经引述了施陶登迈尔的话，他系统地研究了所谓的"德国民族社会主义的绿色派系"，从中揭示了"民族社会主义"[②]与

———————

① 马里彦·图比，政治学家，政治经济学家，国际关系学博士。

② 即纳粹主义。

> 我们国家的经济增长已经过度了。像美国这样的富裕国家的经济增长，与其说是解药，不如说是疾病。
>
> 保罗·埃利希，斯坦福大学人口研究教授
>
> （引自 Horner, 2007.11）

自然保护运动之间的意识形态交叠（同上，10 页）。他提醒读者注意 19 世纪后半叶兴起的"人民运动"(the völkisch movement)，这场运动"将种族中心论的民粹主义与自然神秘主义统一起来"（12 页），其核心其实是对现代化的一种病态的反应"（13页）。

这场运动的支持者相信"欧洲资产阶级文明最恶毒的特点也许就在于这种文明将一般意义上的人的重要性过分夸大了……一旦将之与宇宙之广大，以及自然之伟力相比时，人类是一种无足轻重的生物"（14—15 页）。施陶登迈尔所言极是："种族中心论的狂热、对现代性的反动抵制，以及对环境真诚的关切的混合体，是一剂十分强力的汤药"。（15 页）他还提到路德维克·克拉格斯（Ludwig Klages）1913 年的文章《人类与地球》（"Man and Earth"），该文"预言了当代生态运动几乎所有的主题。文章描述了生物物种的加速灭绝、全球生态系统平衡的破坏、森林砍伐、对本土文化和野生动物栖息地的摧毁破坏、城市扩张、人与自然之间隔阂的加剧等"。（17—18 页）克拉格斯的著述"不仅仅是对此种有限理性或工具理性的攻击，也是对理性思维本身的攻击"，并且"为最野蛮的威权主义敞开大门"。《人类与地球》作为备受推崇的重要文献在 1980 年重新印刷出版，曾伴随德国绿党的诞生"。（18 页）我觉得这极具象征意义。

在 20 世纪 30 年代，当人类中心论的一般观点受到很多作者（和政客）否定的同时，"一部旨在保护地球母亲的包罗万象

的帝国法律"在德国起草,"旨在阻止所有生物不可替代的基础的逐渐消亡"。(30页)施陶登迈尔在其文章的结尾总结道:"民族社会主义的'自然宗教'……是原始的日耳曼自然神话、伪科学生态学、非理性的反人道主义,以及通过回归大地获得种族救赎的神话的一种危险混合物"。(21页)

珍妮特·比尔(Janet Biehl)在她的文章**《"生态学"与德国极右翼团体中法西斯主义的现代化》**("'Ecology' and the Modernization of Fascism in the German Ultra-Right",Biehl, 1999)中批判性地揭示了这种态度持续至今的影响。她认为,当代德国的"新"右翼正在寻求"现代社会的一种'生态的'替代品"(48页),他们公开宣称"生态危机只有通过独裁主义手段方能解决"(70页),建立一个"精英主义的救世政府"势在必行,并且"要应对我们今日面临的问题,一点点'生态独裁'是需要的"(71页)。

我的目的不是要不惜任何代价地搜寻历史教训。然而,我们不应当将这些问题从关注焦点中排除,应该一而再再而三地提醒其重要性。

鉴于以上提到的所有这些理由,我认为环保主义是当代最鲜明的、非自由主义的民粹主义意识形态,它值得经典自由主义人士(按照在欧洲的定义)的关注。向着不再有能力煽动"群众造反"的敌人发动过时的战役,这固然是错的。而另一方面,当今的环保主义者们恰恰是有这个能力的。他们确实代表着真正的威胁。

在本书中,我无意介入这样一个定义宽泛的、一般的意识形态论争,因为这场论争发生在别处。我所希望的仅仅是提醒读者若干基础的、主要的经济规律和理论,这些规律和理论在环保主义意识形态的拥趸们提出的大部分论辩中都被完全忽视了，但我认为这些规律和理论对我们所有人都是不难理解的，甚至是凭直觉就能理解的，我们的日常经验就足够了。尽管我已尽力而为，我还是不能确定那些忽视它们的人是有意为之，还是"仅仅"由于他们不熟悉那些数十年乃至数百年来已经成为常识的原理①。我同时还希望介绍近来关于全球变暖的争论中一些技术性的结论(在第六章)。

一个经济学家不会问"特定的环境变迁是否会发生"这样的问题。对这个问题，他研究的学科给不出答案。经济学家所提的问题是各种经济因素将会在多大程度上抵消这样的变迁带来的影响，尤其是如何评估这些变迁的影响和它们的重要性。所以对这些问题进行解答即是经济学家希望并且能够为关于环境的讨论作出的贡献。

正如 D·提斯卡 (D. Tříska)在他至今尚未发表的《对非经济学问题的经济学分析——以全球变暖的个案为例》(*An Economic Analysis of Non-Economic Problems: The Case of Global Warming*, 2007)中所强调的——也正如这个文章标题本身所暗示："经济(经济制度)并非经济学研究的唯一对象。经济学家也会系统地研究其他社会制度"。(6 页) 这是因为如下事实，即

---

① 二十多年前的 1986 年 11 月，来自捷克斯洛伐克科学院(ČSAV)各研究院的社会学家、生物学家和经济学家集中在一起，在科索瓦·霍拉(Kosova Hora)开了一个辩论会 (以摩尔丹 [Moldán]、瓦弗罗谢克 [Vavroušek]、拜杜塞克 [Petrusek]、麦兹斯基[Mezřicky]、穆希[Musil]、伊尔耐尔[Illner]为一方，克劳斯[Klaus]、叶谢克[Ježek]、提斯卡[Tříska]、梅尔丘赫[Mlčocch]为另一方)。辩论过程曾经多次出版，最近的一次是在 2003 年由捷克环境中心出版的。我早在 1986 年就已经在题为《生态问题语境下的经济和经济学——二十条基本经济学命题》("Economy and Economics in the Context of Ecological Problems— Twenty Basic Economist's Theses")的文章中提出了出现在本书中的许多基本命题，至今我没有见到改变或撤回它们的任何理由。

"经济不仅仅是技术、货物和服务无名无姓(非人格化)的流动,还是动机各异的主体相互作用的社会系统"。为研究经济,经济学家创建了"一个巨大的方法论基础",使得看似与经济无关的现象亦能成为经济学研究的对象。再次指出,**这与测量气温、二氧化碳量、太阳辐射、海底原油储量,以及其他成千上万诸如此类的事物无关,但与人类行为有关。**

我不打算探究人类行为理性的一般概念,尽管这属于经济学范畴——我推荐**迈西斯**(Ludwig von Mises)的《**人类行动**》(*Human Action*, 2006),我也不打算谈论稀缺与价格之间的关系、财产权利与人类各种行为(包括与环境相关的行为)的关系、外部性问题、边际原理等等,因为探讨这些话题需要写一本更加专业的著作才行。

在本书中,**我只想详细述及几个问题**,这些问题我认为在当前是至关重要的。首先,经济学家们对时间偏好(time preference)的概念曾经做过非常仔细的研究;他们从根本上反对预警原则(precautionary principle)的教条主义应用;他们研究收入水平(和财富)与人类行为之间的关系已经有些时日了;他们对于资源及其可耗竭性与技术进步的关系也有些重要的话要讲。正是在这些领域内,经济学家们与生态学家或环保主义者的意见最为相左。其中最基本的原因之一,恐怕还是经济学家——与环保主义者不同——不会煽动起什么政治运动。

第二章

资源真的会用完么？

资源、资源的可耗竭性以及价格的不可替代的作用

- 辩论是关于资源的
- 罗马俱乐部和朱利安·西蒙对其资源可耗竭性观点的批判
- 马尔萨斯主义的错误
- 资源不独立于人类存在，价格定义它们的角色
- 专制主义下的生活强调了这个真理

在上一章中,我曾提到环保主义者所强调的和所攻击的对象在时间上的易变性(尽管他们总是"很克制",但是假如他们其中之一会突然"失控"起来)。但处于论争中心的总是**所谓的资源,或自然或不可再生资源**。我们一而再、再而三地被警告说我们的资源正在耗尽,资源正在——或在不久的将来将会——枯竭,而且它们是没有,也不会有任何替代品的。

因此,环保主义者提出了各种形式的调节资源损耗的法规建议。最近尤其时髦的一个是引入额外的(生态)税收,以提高各种资源的价格,从而减少对它们的消费。支持这一动议的假说认为文明的进步是以不可再生资源的耗竭和环境的恶化为代价的。这就是为什么规制和税赋(价格)干预被认为是恰当的和势在必行的。我却不这么认为。

早在 20 世纪 70 年代初,D·H·麦杜思 (D. H. Meadows)和D·L·麦杜思(D. L. Meadows)两人与其同事的著作《增长的极限》(Universe Books, 1972) 传达了所谓的罗马俱乐部关于大灾难的立场。这本书消极地影响了关于这一问题的全部讨论。假如今天读一下这本书,我们一定会觉得可笑,或者会很生气。我同意朱利安·西蒙(Julian Simon)说的:"那本书已经被如此彻底而普遍地批判为既不正确又不科学,为反驳书中的每一个细节投入时间和篇幅已经是完全不值得做的事情了。"(Simon,1996, 49 页)罗马俱乐部自身最终公开宣布这本书的结论是不正确的,但这已经不重要了,因为"他们(罗马俱乐部)有目的地误导了公众,为的是'唤醒'公众的关切"。环保主义者会说,正确不正确并不重要。这个事实不是象征性的,而且是不应该被忘记的。环保主义者以随意的(和虚伪的)方法来实现他们的意图,这不是第一次,也不是最后一次。

资源可耗竭性的问题在一定程度上是环境讨论中最简单的问题,是被批评者们最频繁论及的问题,而且很遗憾地也是环保主义者阵营中鼓吹这种观点的人们所不理解的问题。没有人比**朱利安·西蒙的杰作《终极资源》**(*The Ultimate Resource*,初版于 1981 年,并于 1996 年在捷克再版)更好地阐明了这个话题的本质。

这部著作是由布尔诺市民主与文化研究中心出版,并由现任捷克国家工业贸易部部长,与环保分子进行不倦对抗的斗士——马丁·西曼先生书写了非常漂亮的序言。

在这本 600 多页(包含了一个列有大量参考文献的清单)的著作中,西蒙教授令人信服地说明了自然资源和"经济"资源之间巨大的差别。自然资源存在于自然界中,因而完全独立于人类。它们的基本界定性特点是它们仅仅是"**潜在的**"资源,因此与现有的经济之间没有直接联系(例如,对于埃及法老而言,石油显然不是真正的可用资源)。潜在资源与真正的经济资源——因现有的价格和技术而在现实中可能被(但也可能不必被)使用的资源——之间存在着天壤之别。后者是最终可能被耗费而"枯竭"的。我们可能无法使用潜在资源,也没有可用的价格和技术。

相反,一种"**经济**"资源则是可以为人类所使用的资源。P·H·阿伦森(P. H. Aranson)曾问道,海浪从什么时候起会成为一种经济资源,答案是在"利用海浪的技术被发明出来"的那一刻。他的结论简单明了:"**资源储备量随着我们知识的增加而增**

加"。它不是一个静态的变量。

西蒙描述各种类型和类别资源的矩形(Simon, 67 页)虽然要复杂得多,但就本书的目的而言这种区分已经足够了。我相信人人都能理解——前提是他或她想要理解。

再回到西蒙,他的"潜在资源"只有通过他所谓的"终极资源"(因此他的专著名为**《终极资源》**)才能转化为经济资源,**这个所谓的终极资源不是别的,正是人类本身,是人类的发明创造,人类的勤奋努力**。只有"人力资源"及其独有的将潜在资源转化为真正资源的能力——从长期来看——会变成一种稀缺资源,可能限制人类的未来发展。**这种"人力资源"要想兑现,则必须拥有自主行动的自由**。事实上,这种"资源"所需要的除了自由,别无其他。

所谓资源枯竭是不存在的, 这一事实在朱利安·西蒙的另一本著作中也被很好地记录在案,那本书的名字叫《人类的状态》(*The State of Humanity*, Simon, 1995)。他的这本书专门针对环保主义者们所理解的资源概念的静态属性而作。实际上任何资源("物自身", an sich)是不存在的 ,因为资源永远是价格和技术的作用。关于这一问题, 他最重要的弟子之一, I·M·戈克兰尼(I. M. Goklany)写了一本内容庞大、数据相当详尽的著作《改善中的世界状态》(*The Improving State of the World*, 2007)。与西蒙本人一样,本书指出,资源价格的不断下跌证明了资源的稀缺性并没有增加,资源的耗竭也没有成为问题。他说明了"尽管有短期波动, 几乎所有今天所使用的商品的长期价格趋势在过去的两百年中是向下行的,这不仅是按照'真实'的、扣除通胀因素的美元计价的,而且更重要的是,是根据个人平均获得或购买特定数量的该种商品所需耗费的劳动量来计算的"。(**99 页**)

> 也许终有一天石油资源会枯竭,但无论何时到来,终究不过只是一个毫无意义的历史瞬间而已,正如今天鲸脂不复存在一样。
>
> I·M·戈克兰尼
> 美国气候政策分析家,可持续发展专家,2007

资源枯竭很明显并没有作为一种大范围现象发生。戈克兰尼非常风趣地复述了比约恩·隆伯格的话:"石器时代的终结并不是因为我们把石头用光了,铁器时代的终结并不是因为铁用尽了,青铜时代的终结也不是因为铜耗尽了"(98页),而全都是因为西蒙所谓的"终极资源"(即人类)发明了新东西和更好的解决方案。

环保主义者思维中别有用心的大灾难论是显而易见的症状。因著述《人口爆炸》和《怎样成为幸存者》(*How to Be a Survivor: A Plan to Save Spaceship Earth*)而早已声名鹊起的**保罗·埃利希**在 1970 年写道:"假如我是个赌徒,我就会打赌英格兰将在 2000 年不复存在"(引自 Simon, 1996)。尽管这个声明看起来荒诞不经,埃利希至今却仍然不是等闲之辈。他现任斯坦福大学的荣誉退休教授,著作等身。西蒙教授就拿他的话在 1980 年和他打了个赌,不过不是先前打的那个赌。新打下的赌是,在未来的十年当中自然资源会变得更加稀缺还是更不稀缺(更确切地说,它们的价格是会上涨还是下跌)。他们两人同意以五种金属为代表——铜、铬、镍、锡、钨——并选择以十年为时间期限。埃利希预言金属价格将走高,而西蒙预测它们将下跌。西蒙毫无争议地赢了。不仅这五种金属的加权总价格下降了,而且每一种的价格都下跌了。作为经济学家,我还要补充的是,即便根据通胀率调整这些金属的价格,西蒙也还是赢了。

但是,什么论证都无法说服埃利希教授。在他的早期著述

《人口爆炸》中,他写道:"世界在70年代将要面临饥荒——数亿人口将会饿死。"到了21世纪初,他仍以同样的狂热攻击B·隆伯格(B. Lomborg)和他的著作《满怀狐疑的环保主义者》(*Skeptical Environmentalist*)。

> 定义宗教的特征之一就是:信仰不为事实所动。
>
> 迈克尔·克莱顿
> 畅销书作家,2003

环保主义者们的大灾难预言对于西蒙的"自然资源的潜在性与有经济利用价值资源的现实性之间的联系",往往不过是加以否定(或至少是绝对不可接受的贬低)。他们的观点,就算不是静止不动的,也是完全静态的。某些变量基本保持不变,而其他变量则假定发生了戏剧性的——常常是指数级的——剧变。于是"大灾难"虽然顺理成章、不可避免,但是很显然,这是建立在非常奇怪的假设组合上人为造出来的:对一组变量加以悲观的假定,对其他变量则假定发生迅速增长。

70年代初以来罗马俱乐部的环保主义者楷模正是以这样一种思维方式为基础的。(参见本人70年代末期对佛瑞斯特模型[*Forresterian models*]的反驳文章,以及同一时期威廉·诺德豪斯[William Nordhaus]的著名论文)毕竟,马尔萨斯的全部理论以及他的灾难预言,就是推演自200年前的两个变量——农业产量和总人口——的算数和几何增长之间的差异。当时却没有意识到,人类的创造力可以带来呈几何增长的供给产量,以弥补人口的增长。今天仍旧没有这种意识。逻辑并没有改变。

而且,环保主义者通常不信任人类及其自由(除了他们自己之外)。他们的非自由主义的、静态思维的基础,是马尔萨斯式对人类(以及人类所带来的技术进步)信心的缺乏,以及相反地,对他们自己、他们自己能力的信心。这正是某些人"致命的傲慢"和与之相联系的"致命的幻想",**弗雷德里希·A·哈耶克**（Friedrich A. Hayek）令人信服地形容道。尽管我不清楚哈耶克是否有任何具体针对环保主义的陈述，但其实质是一样的。

莫依米尔·汉博（Mojmír Hampl）[①]在他 2004 年的专著《**资源枯竭——一个完美的畅销神话**》（*Exhaustion of Resources：A Perfectly Salable Myth*，2004，参见参考文献）中，非常精彩地说明了马尔萨斯主义和环保主义是"连接在一起的两件容器"。他的论述——例如，"资源是由人创造的"，因而不存在于自然界，"它们存在的本质是人类知识的增加，这是没有天然界限的"（58 页）——应当成为任何关于这一课题的严肃讨论的起点。同样地，我必须要提到一个至关重要（尽管对于经济学家而言是老生常谈的）的命题，正是由于资源稀缺性增加带来的价格上涨，"消失中的"资源正在"不断地、顺利地被其他资源取代，或通过更为经济的消费而得到了节约"。（同上）

对一个经济学家而言，以上这些思路是绝对根本性的。我们已经说过资源是不存在的。没有独立于人之外而存在的资源，而且——这是另一个问题了——不"需要"的资源是没有定价的。每一种资源都有其价格，除非社会制度取缔了价格，这正是共产主义所追求并部分实现了的。有了特定的价格，特定资源的"供给"就出现了，正是价格驱使人们提供资源。与此相似，有了价格，这种或那种商品的特定"需求"就出现了。当价格较高时，需求高，供给低；而当价格较低时，就正好相反。这虽然是很普通的道理，不过我担心，在环保主义者们来看，很遗憾，却不是那么简单。

他们所不了解的是，其实价格，比任何其他事物（而且主要

[①] 莫依米尔·汉博，捷克经济学家，捷克国家银行副行长。

是比环保主义者们的算计）都更好地反映了各种各样的资产（货物、商品和资源）真正（而不是虚构）的稀缺性。没有稀缺性，就不会有价格。他们或许还不知道，随着资源变得越来越稀缺（用他们的话来说，就是当资源"耗竭"了），价格会上涨到一个特定的点，在这个点上，需求会减少到几乎为零。之后，资源就变得——用经济学术语来讲——不可思议地取之不尽了。这就是为什么说价格是一种重要的参数，一个正常运转的价格体系是人类（以及自然界）无畸变的、健康发展的前提。

那些从未在苏联式的，价格受到政府完全压制的专制主义制度下生活过的人们，也许无法理解这些事情。这或许是埃利希和阿尔·戈尔所处的情况。但是这却不应该是捷克的环保主义者们的情况。我想要做的，只是想请求他们不要开始妄谈外部性，并教训我们外部性如何真切地存在。这一点我们是知道的，而且经济学——作为唯一的科学学科——的确是在详尽地、系统地研究外部性问题。但世界并不是被外部性所主宰的。外部性仅仅代表了人际互动所主宰的空间领域中的一小部分而已。外部性是补充的，不是根本的现象。"根本"在于"内部性"（尽管这个词几乎是不使用的）。

大多数情况下，经济学家都是在两大关键范畴——价格（P）和数量（Q）——的框架内以相当复杂的方式思考问题的。对经济学家而言，正是这两个因素对人类行为产生了主宰性的影响。这就是为什么他们要区分价格效应（P-effects，价格变动的结果）和数量效应（Q-effects，收入、生产和财富变动的结果，留待下一章讨论）。就资源及其"可耗竭性"，以及资源耗竭的速度而言，价格效应是起决定性作用的。

第三章 未来会怎样？

财富效应和技术进步效应

- 在解决所面临的问题时，通过及时回顾能够获得财富的重要性
- 气候对财富的影响微乎其微
- 风险的特质
- 技术变化比气候变化更加深远
- 发展中国家对抗气候风险的最好防御措施是他们自身的发展
- 未考虑技术进步和财富的因素导致了对气候变化影响的过高估计
- 环境库兹涅茨曲线与环境变迁中感知的地位

假如我们通过经济学家的视角去观察未来以及任何可能在未来出现的问题（包括环境问题），我们就不得不同时提到"财富效应"（wealth effect）或"收入效应"（income effect）和"技术进步效应"。我们还必须考虑到人类适应新的、不可预料的事件和情况的惊人能力。

人们的收入和财富将会激增这一事实恐怕已经毋庸赘言了，因此，他们的行为及其对物质和非物质商品的需求结构也将会发生变动，还不算将会发生的巨大的技术进步。[①]我们都会凭直觉感到事情是这么回事，但并不是所有人都能从中得出适宜的结论。

诺贝尔经济学奖获得者 T·C·谢林（T. C. Schelling）在他1995年的著作《**温室气体减排的成本和收益**》（*Costs and Benefits of Greenhouse Gas Reduction*，见参考文献）中设想了75年后世界的情形。为了得到一个概念，他回望了75年前即1920年的世界。有趣的是，他说在1920年——当时柏油路和公路在美国还相当少见——最大的气候相关问题竟然是泥泞。仅此而已。谢林补充道："1920年时没人会想到，到了1995年，大部分的公路已经修成坚实路面了。"这绝不是什么廉价的推理，也不是无足挂

[①] 经济学家认为收入的增加和随之而来的财富的增长是决定所谓"消费函数"（consumption function）的关键因素，尤其是从长远角度来看——可参阅例如弗里德曼的"恒久收入"（permanent income）理论。

> 1900 年最著名的环保人士泰迪·罗斯福（Teddy Roosevelt）①竟然不知道如下单词：
>
> | | |
> |---|---|
> | 机场 | 按摩师 |
> | 天线 | 微波 |
> | 抗生素 | 中子 |
> | 原子弹 | 核能 |
> | 电脑 | 青霉素 |
> | DVD | 无线电 |
> | 生态系统 | 机器人 |
> | 基因 | 视频 |
> | 互联网 | 病毒 |
> | 激光 | 海啸 |
>
> 作家迈克尔·克莱顿，2003

齿的细枝末节。我确信作为一种概念模型，这是可以推广到所有环境问题上的。

假设世界按照预期的经济增长速度发展下去，在一百年后会变成什么样子？我们不知道，但是可以确定那时的世界必然与今日大相径庭。很多"道路将会有坚实的路面"。因此，**以今日的科技和财富水平基础对一百年后的形势进行思考，是一个致命的错误。**

从关于未来社会可能的财富水平——对今天的人们而言无疑是不可想象的——的争论中我们不难得出一个显而易见的结论：我们不应当试图替未来的子孙后代解决他们的各种根本问题。很明显，我们不是史上第一代面临这一决定的人。在我们之前，我们的祖祖辈辈也遇到同样的情形，我们不应根据今天所掌握的知识来谴责他们。难道真会有人认为，我们在小亚细亚地区的祖先应当保护当地所有的植物免遭山羊啃食吗？我们的祖先是否应当从那时起就开始考虑我们？他们有这种可能吗？他们甚至有能力想象我们现在的世界吗？

著名的《斯特恩报告》（*Stern Report*，2006 年秋向时任英国首相的托尼·布莱尔递交的报告）对未来抱有非常悲观的态度，其断言：在未来的两个世纪中，全世界的总体人均消费额将以

---

① 泰迪·罗斯福，美国第二十六任总统。

每年平均 1.3% 的速度增长。这个数字在外行人看来也许并不算很高，**但即便以这样的增幅——乍一看觉得适中，今天 7600 美元的人均年消费额到 2200 年将增长到 94000 美元！** 我再重复地说，1.3% 的数字不是我的估计，这是预报全球大灾的，并靠制造全球大灾来吃饭的环保主义者们的估计，或者更确切地说，是他们之中某一位重要代表的估计。

　　一个相关的反对意见自然是，这种增长是否会由于生态原因而迟滞，例如因气候因素。经济学家们通过十分复杂的方法，尝试估算气候变化（与温室气体相关的）对世界 GDP 增长可能的影响。其中一个著名的、也是被广泛引用的经济学研究成果便是 A·S·梅恩（A. S. Manne）发表于 1996 年的题为《**CO_2 替代减排战略的成本和收益**》（*Costs and Benefits of Alternative CO_2 Emissions Reduction Strategies*，见参考文献）的研究报告，这一研究证明假如我们对气候变化置之不理，基本上什么也不会发生。根据他的计算，假如我们将 1990 年的世界 GDP 定为 100，到 2100 年世界 GDP 就将接近 1000。各种不同的假设——尤其是关于贴现率的（详见第四章）——之间的差别最多只不过在 1% 上下！作者很幽默地讲，这其中的差别之细微，就好比我们在坐标图上举棋不定，是用 4H 还是用 2H 的铅笔来绘制 GDP 曲线一样。气候问题导致的 GDP 变化仅此而已！

　　固然世界 GDP 的 1% 中的哪怕一小部分都不是可以随便忽略不计的数字，但其影响将小于十几种其他全球经济因素的可能影响。门德尔松和威廉姆斯（Mendelsohn and Williams，见参考文献）提出的较新的研究报告证实了此前的计算。他们估计全球变暖对 2100 年世界 GDP 的影响将为 0.1%。他们的估算同时考虑了全球变暖的正面和负面效应。门德尔松（见参考文献，2007）完全清晰地提出："未来 50 年因气温上升带来的破坏将几乎为零"。（44 页)只有到那时才有可能出现可测量的效应。

无论如何,很明显未来社会一定会比今天富裕得多。而且,今天我们所熟悉的很多事物很可能将不复存在,而很多我们所不知道和难以预料的事物将会出现。换言之,技术进步将令世界发生天翻地覆的变化。

关于这场辩论,我的长子为我提供了一个非常恰当的比喻。假如我们在理性的、而且是完全静态的或然率计算的基础上,下结论说,在我们居住的公寓中,大约每 30 年中可能有一次因电视机短路酿成火灾的风险,考虑到未来,这将对我们当前的行为产生怎样的影响? 我们是应当扔掉"危险的"电视机,还是根本忽略风险的存在? 可能的解决方案之一或许是,认识到我们的风险规避(risk aversion),对风险的可能性进行评估。(以上述可能性的计算为基础)我们还应当意识到,假定今天我们所了解的电视机在 30 年后仍然存在,这几乎是不可能的。所以说,今天进行的概率计算对未来几乎没有意义。它们的意义仅仅在当下而已。

技术进步是一个完全具有决定意义的问题。**谢林**在他的文章《**温室效应**》(*Greenhouse Effect*, 1993, 见参考文献)中,提出了如下基本性的想法:"请问对于一对从出生到现在一辈子住在同一个农场中的 70 岁老夫妻而言,气候变化对

> 如果温度上升不超过 2℃ 的话, 上述模型显示的气候变化所能带来的预计后果为零或仅在零度以上。这一立场在经济学文献中几乎已成共识。
>
> 比亚特(I. Byatt)、卡瑟尔(I. Castles)
> 戈克兰尼、亨德森(D. Henderson)
> 罗森(N. Lawson)、麦克特里克(R. McKitrick)
> 莫里斯(J. Morris)、皮考克(A. Peacock)
> 罗宾逊(C. Robinson)、斯基德尔斯基(R. Skidelsky)
> 《世界经济学丛刊》[*World Economics Journal*]作者组

他们务农和生活方式的影响是否是他们一生所经历变化中印象最深刻的?最可能的回答会是'否'。**从马到拖拉机、从煤油到电的转变肯定重要得多**。"预测未来会不会发生这样的技术进步难道有丝毫意义吗?技术进步的动力难道不会比今天更加强大吗? 另一个时髦的概念——"知识经济"(我完全不敢苟同)——的所有鼓吹者们应该站出来大声宣布,技术进步无疑将比现在更快速地推进,无论气候怎样变化。

国家经济结构层面也将发生巨大的变化。一百年以前,占很大比重的经济活动都是在露天条件下进行的。如今,发达国家的农业和林业占国民生产总值(GNP)的比重通常不过 3%。其他经济部门并没有受到气候变化的重大影响。因此,谢林教授说:"即便在未来的 50 年中,农业生产力降低三分之一,原本到 2050 年我们将实现的人均 GNP,最多到 2051 年也能实现!"这一论断本身已经足够说明问题了。人口增长的效应也是类似的。谢林表示:"假如中国在未来几代人中实现人口零增长,这对地球大气的影响将相当于年均 2% 的中国人口增长率加上一个英勇的温室碳减排计划的效果。"这是又一个重要的论断。因此,我们另外还应该将人类对气候变化的影响和人口增长对气候变化的影响作一区分。这是两个截然不同的概念。

类似这样的论断还将不断继续下去,因为影响我们周围现实的因素几乎是无穷的。所以,谢林明确表示:"今天发展中国家不应作出任何牺牲。它们对气候变化最好的防御就是对其自身的持续发展。"

然而,鼓吹环保主义观点的人却打着未来受到威胁的名义想要大幅减少如今的消费——不仅仅他们自己的还包括比他们贫穷很多的人的消费——以帮助其经济状况富裕得多,而且完全处在不同的技术进步水平之上的未来的子孙后代。他们真的认为,在 2007 年减少 15% 的消费和在 2200 年减少相同的量,对人类生活的影响将会是一样的吗?这样的预期真是荒谬至极。

罗伯特·门德尔松(Robert Mendelsohn,2007,见参考文献)把我们的注意力吸引到人类适应性的问题上来,并且说,环保主义者的预想中并没有考虑这一点。依照他的观点,这导致"对破坏程度的高估超过了一个数量级"(44 页)。

适应性是很难衡量的。适应性的存在始终都只能从局部论证,或者具有时间性,而缺乏总体的参考指标,更准确地讲,这样的指标还没发明出来。在关于全球变暖的争论中,我们谈论的是温室效应、温室气体,尤其是二氧化碳。假如相信经济增长(尤其是工业增长)将导致更多 CO_2 排放纯属的假设,那么就不难得出如下结论,即正在全世界进行的、不受任何疑惑限制的迅猛的工业发展将导致二氧化碳排放持续不断增加。但是,假如把人均 CO_2 排放量看作时间的函数,我们就会发现事情并不是这样的(如图 3–1)。

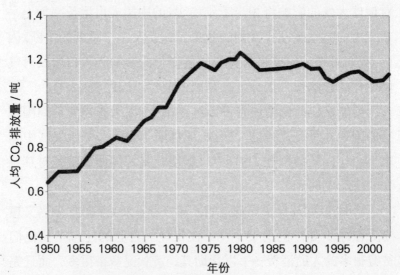

图 3–1　人均 CO_2 排放量关于时间的函数

　　图 3-1 取自 R·麦克特里克（R. McKitrick）等人于 2007 年编纂的著作（11 页），从中我们看到人均 CO_2 排放量的增长只持续到了 1979 年（当时达到了 1.23 吨），从那之后就开始逐年减少。最后一个已知数据是 2003 年的 1.14 吨。我认为这就是人类适应性的最好证明。

　　让我们再把"收入效应"的另一个方面加入到这场争论中来，更准确地讲，就是**对财富（即收入和所得的数量）水平与环境保护的关系的探索**。因为环保主义者的出发点是一个绝对错误的假设，他们认为，经济或财富（以及技术进步）的增长导致了环境的恶化。对这一课题经济学家们也有他们自己的看法。

　　他们受到了所谓的**库兹涅茨曲线**（Kuznets curve）的启发，该曲线是由经验主义研究的先驱西蒙·库兹涅茨发明的（其因此项研究于 1971 年获得了诺贝尔经济学奖）。库兹涅茨证明了在收入（所得）规模和收入（所得）不平等之间存在着相对固定的关系。这种关系可以用一个倒 U 型来显示。倒 U 型曲线图显示，当收入从较低处开始增长时，不平等也随之加剧。然而，当到达一个特定的临界点后，收入不平等现象开始趋向缓和。这一研究启发了经济学家对收入平等问题以外的其他 U 型曲线的探索（及发现）。环境的 U 型曲线就是其中之一。

　　1991 年，**G·M·格罗斯曼和 A·B·克鲁格**（G. M. Grossman and A. B. Krueger，《北美自由贸易协定的环境影响》）在分析了来自 42 个国家的数据之后，发现在环境质量与收入（即财富）水平之间同样存在倒 U 型关系。他们甚至计算出了人均年 GDP 达到 6700—8400 美元之间这一临界点。这一假说曲线的形状大致如下：

　　如果这一曲线能够应用到实体经济中的话，我们将得出一个明显而有力的论断：经济增长（财富的增长）最终将对环

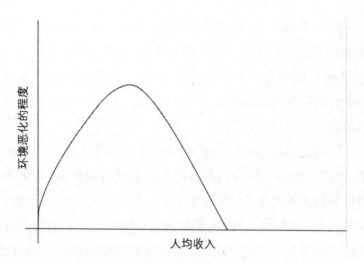

图 3-2　环境质量与收入水平之间的关系

境有利。

　　在他们的论文发表之后，各种建立在不断更新的数据基础上的、对这一曲线的经验估计量纷纷出炉。例如，J·布朗（J. Brown）在其论文《穿越环境库兹涅茨曲线》（"Traveling the Environmental Kuznets Curve"）中就对此进行了探讨。环保主义者必须向我们出证相反的结论，而这看起来是不可能的。根本问题在于，他们事实上并不很注重诸如数据分析这样的详尽细节。而经济学家们则正好相反。

　　戈克兰尼（见上文中其已引用的著作）通过讨论"环境变迁"（environmental transition）试图普遍性地概括环境库兹涅茨曲线假说。其曲线也有相似的形状，但他选择了一个更加笼统的变量做 x 轴。

　　取代人均收入的，是时间变量（同时代表了财富和技术发展）。我甚至还可以再加上门德尔松的适应性，但那样也不会从根本上发生影响。戈克兰尼的想法不错，这种关系也是可以检

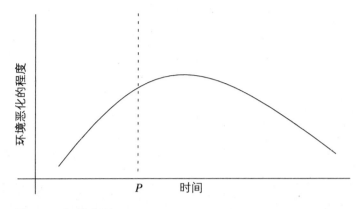

图 3-3 环境变迁

验的,但这两种曲线之间有一个区别是很明显的,即技术进步和人类的适应性的影响——两者其实是无法直接衡量的(而且很明显其他条件不变)。然而,戈克兰尼认为"库兹涅茨曲线只讲出了整个过程的一半"(106页),因为它只关注收入(财富)的影响。

戈克兰尼在坐标图中加入了"P-moment",即人们意识到环境问题的时刻(P代表"perception",即"意识")。他说"在P之前,无法期望通过人类有意识的行动来降低其对环境的影响"(107页)。而且,戈克兰尼还增加了另一项条件,即"将公众渴望提高生活质量的意愿转化为必要国家干预的这种相对有效的运作机制的存在"(187页)。所以他相信"环境变迁"的进程不见得在所有国家是一样的。我们捷克人经过了专制主义时代,对这种机制多少是有点体会的。

变量可以通过各种方式重新定义,但倒U型曲线始终存在。这条曲线的形状恰恰是决定我们乐观态度的主要理由。**结论是很清楚的:财富和技术的进步不但不会造成环境问题,相反是解决问题的途径。人类的适应性是又一个希望之所在。**

第四章

如何合理地评估未来？

贴现率与时间偏好

- 代际比较的重要性
- 经济学家处理问题的方式
- 贴现率如何发挥作用
- 价值的主观特质
- 对《斯特恩报告》所用贴现率方法的批评

让我们把未来是否会发生环境（或许只有气候）变化、会发生什么样的变化的问题暂时放在一边，先考虑这样一个问题：我们是否能够评估，以及如何评估这些可能产生的变化。这是在社会科学框架内用经济学的方法探讨这一课题的一个核心问题。毋庸赘言，我们所考量的时期越长，评估就越是困难，可靠性就越差。这种复杂性和不确定性的原因不是"我们价值体系的不稳定性，而是我们评估的具体环境在不断变化"，正如**提斯卡**在上文已经引述过的著作中作出的令人信服的论证一样。这一区分极其重要：**对我们价值体系的稳定性说"是"，而对我们评估的具体环境的不断变化说"否"**。这两个前提是任何理性的、跨时代分析的唯一可行的出发点。否则，将无从入手。

提斯卡所依赖的这个关键前提奠定了整个科学经济学的基础。这是"对人类偏好倾向稳定性的假说"。只有这一假说才令"跨时代偏好的比较"成为可能，或者用通俗的语言来讲，就是"代际比较"（5页）。在这一假定的基础上，他要求任何"当前旨在保护未来子孙后代不受全球变暖影响的"人，都"应公开明确宣布其个人关于代际关系的假设"。换言之，他要求环保主义者表明其对未来的看法，及其赋予未来的份量权重和重要性。迄今为止，并非每个人都如此明确地宣布了自己对这些假设的立场。某些人，正如环保主义者们的立场一样，其表现说明，未来无论有多么遥远，它与现在的重要性终究是一样的。

在此基础上，如何进行代际比较呢？如何评估一百万美元在今天和在未来的价值？如何评估今天和一百年后的一摄氏度？如何评估五十年后的海平面上升水平？如何评估原油储量？……是否有人拥有能帮助解决这些问题的任何工具？经济学家的回答是"有的"。经济学家知道，一百万克朗在今天和一百年后是两件完全不同的事情。所以，他试图解释区别在哪里。这个非常微妙的问题在经济学中，是通过**贴现率**这个概念来讨论的。

有这样一条著名的捷克谚语："手中的一只麻雀，胜过屋顶上的一只鸽子。"然而，出于探讨问题的目的，这样修改则更合适："手中的一只麻雀，价值高于屋顶上的一只麻雀。"因为我们不需要比较麻雀与鸽子，而是要比较近处的麻雀与远处的麻雀——不仅就空间而言，而且就时间而言。对任何理性思考的人（或许不包括所有的环保主义者）来说，今天的一张五块钱纸币，要比遥远未来（按环保主义者们的论调，甚至是远到不可预知的未来）的一张同样的纸币更好，更有价值，甚至能产生更大的效果。

当然，不仅仅五块钱纸币是如此。对每个评估者个人而言，所有未来的收入和支出都不如目前的收支重要。我要补充的是，这里指的是**对人类而言的重要性，因为其他仲裁者不存在**，也不可能存在。不存在所谓"普世智慧"或"理性"的仲裁者，不存在任何超脱时间之外的生灵或者类似的事物。尤其是，从来没有任何外部的观察者或仲裁者，连上帝也是没有的。这种超自然的权利，任何一个环保主义者都不可能拥有。

从根本上讲，我们面对的是两个概念不同的问题。其中一个是我们对所拥有时间内各种事物的评估。问题不在于我们胡乱地改变观念或态度（尽管这发生过，结果有好有坏），而在于——如上文已经引用的——"对不断变化的具体环境及时进行评估"。具体环境的变化可能是、而且常常是根本性的。在第三章我们已经讨论过了两大关键的"具体环境"——财富的程度和技术进步的水平。

另一个问题是,当效应(即我们作为或不作为的后果,或其他任何后果)触犯的完全不是我们自己,而是之外的某位人士。经济学为多种情况设计了全套研究工具,但关于效用与偏好的人际和代际比较,没有直接可行的工具。而且其他社会科学也没有此类工具。不同主体对同一效用的感受是无法进行比较的,任何的概括,只能通过产生于完全非私人化市场上的评估作出。这样,我们又再次回到了贴现率的问题,以及市场带来了怎样的利率或贴现率的问题。

弗雷德里希·冯·哈耶克(Friedrich von Hayek)在其著名的,我个人认为是十分关键的文章《**知识在社会中的运用**》("The Use of Knowledge in Society",1945,见参考文献)中,有力地证明了人际比较(不同个人之间效用的比较)是无法作出的,任何相关信息只能通过市场上出现的价格得出。这种价格只能在商品和服务的实际交换市场中产生。补充说明一下,目前正在欧盟试验的人为制造的"排放许可证的出售",只能说再次验证了哈耶克的警告。它使我们想起著名的兰格—勒纳(Lange-Lerner)模型,专制主义者曾利用它为 20 世纪 30 年代的专制主义经济非市场正常运转的可能性辩护。正是在那个时候,哈耶克断然否定了这种可能性。价格无论如何是不可能被"科学地"计算或估计出来的。这一点是我们永远不应该忘记的。[1]

R·海默(R. Helmer)在其《**欧盟的气候变化政策:混乱与失**

---

[1] 在当前关于气候变化问题的争论背景下,对于真实的和人为的市场区别,有人作过很好的阐述,如罗杰·海默(Roger Helmer)的《**欧盟的气候变化政策:混乱与失败**》(*Climate Change Policy in the EU: Chaos and Failure*,2007)。

败》(*Climate Change Policy in the EU: Chaos and Failure*, The European Journal, 2007.2)中就实际市场和人为市场在当今关于气候变化的讨论中的区别作出了明确阐述，在这两个问题中，经济学都没有（也不可能）发展到超越贴现率这一概念的地步，这对于我们正在探讨的问题并不是无关紧要的。经济学家正是通过贴现率这一重要概念，解决了这近乎形而上的两难困境。因此，就社会整体而言，经济学家们谈论的是"社会贴现率"(social discount rate)，它不可能与——即使是长期性的——市场贴现率偏离太远。

这并不新鲜。我自己早在1986年就曾写过相关文章。在本人的《一个经济学家的二十条戒律》中，第十二条戒律便是经济主体是可以比较过去、现在和未来的。而且，不等于零的利率（和贴现率）表明，"未来小于现在"，因而"未来不如现在重要"。

至于究竟小多少，这取决于今天相对于明天的偏好比率，即现在相对于未来的偏好比率。这是非理性的看法吗？这是故意的短视，及我们中某些人的无知吗？抑或这是唯一可能的看待世界的理性视角？远在天边的事物，难道不是"从客观上讲"更小吗？抑或仅仅是出于我们的短视，甚至可能是偏见，以至于看不到这些物体其实是一样大的？这类问题，为新的、十分有趣而又相关的考量开拓了空间。

可以权威地肯定，经济学家（而且肯定不仅仅是经济学家）认定的无可争议的事实，即一美元（或任何其他事物）在未来肯定会比现在次要，这即是人类任何理性考量和行为不可避免的起点。而且相反的考量是站不住脚的。

因此，经济学家们谈论时间贴现或"对任何特定事物在今天和未来的估价之间的特点和关系程度的明确界定"（提斯卡，7页）。他们谈论贴现率，也就是经过"**重新计算**"的"**时间的价**

格",即把现在的一张五块钱纸币(或任何数额的货币)转换成未来的一张五块钱纸币的价值。这或许不是那么容易理解的。人们通常比较能理解的是相反的过程,即所谓的复合利率,因为他们在日常生活中碰得到。投资一笔钱 P_0(哪怕存进银行)意味着你期待在 i 的利率下,原本的 P_0 在经过了时间 t 之后将增值到 P_t,公式如下:

$$P_t = P_0(1+i)^t.$$

这是几乎人人都能理解的,也许甚至是凭直觉就能理解的。

贴现基本上是一种相反的过程,尽管人们必须承认负指数的存在使这个公式对很多人而言不那么好理解:

$$R_t = R_0(1+d)^{-t}.$$

从这一公式我们可以明显看出由于贴现(d 为贴现率),今天的价值 R_0 经过了时间 t 之后,"看上去"更像 R_t。假如贴现率d>0 的话,这也符合对人类理性的传统理解的基本假定,那么$R_t < R_0$。未来的事件必定比现在的次要。d 和 t 的值越大,则现在的价值与未来的价值之间的差距更大。

贴现率可以推导,例如通过当人们在某些时候缺少资金但急需用钱时借钱用作短期周转的利率就可以推导出来。假如他们借了 1000 美元,利率为 6% 的话,到第一期末为止,他们手里的 1000 美元贷款就只剩 940 美元了。这样考虑是依据一般人类行为学意义上的原理,而不是经济学的特定要素,也不是经济学家的视角。这条原理还表明,假如人们将贴现率视为零(或接近零)的话,他们既无法理性地投资,也无法储蓄了。他们将无法作出任何关于未来的决策。

我同意提斯卡所说的,"对于一个书斋中的知识分子而言",这些问题可能都太过"钱币化"(我以为"小商贩化"这个词可能更贴切,正如90年代初我们国家一位著名的绿党论调追随者曾大谈特谈过),以至于"对他来说将这种'会计'方法应用于拯救人类的崇高主题是不可接受的"。尽管如此,我还是想请那些"书斋中的知识分子"们对此问题试着这样思考一下,主要还请他们作如下考虑,即确保他们自己的推理至少是建立在贴现率之于经济学家一样简单明了的假定基础上的。让我们来看看提斯卡整段的话:"假如他们终于出人意料地克服了自己的反感,那么他们将足以用他们严肃的环境问题来替代五块钱纸币,用'代际'的几十年时间来替代一年的时间背景。然后他们或许就能够意识到,为什么我们今天对一件事物价值的估计与30年后是不同的,更不用说到了那个时候,评估的人早就不是我们,而是我们的后来人了。"

哈佛大学著名经济学家**劳伦斯·萨默斯**(Lawrence Summers,克林顿政府时期的前财政部长,也曾是戈尔的下属)不久之前曾经对此非常准确地表述过切题想法。他问道,我们是否真的相信提前100年预估各种人类活动的贡献是一件有意义的事情?他自己的回答是,这是有意义的,但有必要"大声宣布这种估计是建立在什么样的假设基础上的"(《金融时报》[*Financial Times*],2007年2月13日,6页)。他因此建议读者先尝试回答以下问题"在未来十年中,他们愿意放弃多少百分比的GDP,以换来全球GDP从2020—2120年间的以下额外增幅":

a. 0.01

b. 0.05

c. 0.1

d. 0.25

我觉得这个问题尽管微妙，却很有教育意义——而且，我还要补充说，它还非常有说服力。这个问题本身是没有答案的，尽管环保主义者们每天都在对此非常自信地作答。

作为插入语，我还必须补充一点，在很久以前——大约一个半世纪以前——经济学家们就已经摒弃了这条"前科学"原理，即商品的价值（无论我们对商品的定义是什么，或者任何稀缺的东西的价值）是可以客观衡量的，而且更是可以客观赋予的。**他们从那时起就明白了这样一个道理，即价值具有排他的主观属性。**这场可比较的经济学推论的彻底革命，亦如发生在古典政治经济学和新古典经济学之间的时期（即 19 世纪的后三分之一）的革命，并没有波及任何其他社会科学领域，因此我担心受过良好教育却不了解经济学的人们不理解这场革命直至今日的深远影响。环保主义者是绝对不理解的。在他们眼中，周围的一切事物都是"客观的"。（当然，这个话题应该另外单独研究了。）

在最近发表的、在我看来相当重要的一篇文献中，知名经济学家、可能还是最重要的经济学教科书作者之一威廉·诺德豪斯恰恰使用了贴现的概念来批判性地分析上文已经提到过的《斯特恩报告对气候变化经济学的评价》(*Stern Review on the Economics of Climate Change*, 2006.12)，及其全球变暖造成大灾难的新版本假想。诺德豪斯注意到，尽管——与其他如今已成经典环保主义研究作品（如罗马俱乐部报告之类）的作者不同——斯特恩所依据的是标准模型（与诺德豪斯本人使用了几十年的模型十分接近），但"他的结论与大多数"已经发表的"经济学研究完全不同"。

在仔细研究过《斯特恩报告》之后，诺德豪斯得出结论，说结果不同的原因在于斯特恩的"关于贴现的极端假定"（6页）。诺德豪斯恰如其分地强调说，这不是什么无足轻重的技术细节，或仅仅是经济学家们感兴趣的问题，而是绝对根本性的问题，因为**贴现正是所有未来与现在之间比较的关键**。《斯特恩报告》基本上认定"社会贴现率"接近于零。这样做"骤然放大了今天所作决定对遥远未来的影响，为大幅减排乃至于大幅削减今天的消费提供了理论依据。"当换上"正常的"贴现率之后，斯特恩的灾难性后果便消失了，与之相关的建议也随之不复存在。

捷克经济学家莫伊米尔·汉普尔（Mojmír Hampl）在2007年的《经济和政治中心二月新闻》（February 2007 Newsletter of the Center for Economics and Politics）中，同样批评了《斯特恩报告》中的低贴现率。汉普尔认为，斯特恩是希望"说服那些将在我们身后几十或几百年里生活的后代们以我们今天同样的方式评估全球变暖及其防范的成本，而不顾他们将会比我们现在富裕得多、技术先进得多的事实，而且他们将可能会面临与我们今天完全不同的问题"（4页）。他补充道："就好像我们还没有足够的理论和经验证据，证明通过今天的眼光去衡量明天（可能还是更遥远的明天）的世界，总是会得出令我们的子孙后代感到好笑的结果。"（同上）

同样，辛格教授（在私人通信中）表示"贴现率的选择通常反映的是伦理问题，即我们子孙后代的福祉，因而具有很强的情感上的感染力"。结果是得出了低得不现实的贴现率，高估了今天的变化对未来的影响。

因此，社会贴现率是比较未来世代的福祉相对于今天的关键参数。当它等于零时，意味着我们认为未来世代与今天是一样的，这是完全荒谬的。环保主义者们（以及斯特恩）或许会为自己辩护说,不等于零的社会贴现率漠视了未来可能会出现的巨额支出(负担),因此主张"代际中立"。我已经试图论证了这是一种错误的方法。

马丁·布尔西克在上文已经引用过的文章里,在没有任何论证及深度后果分析的情况下,也谈到了"代际公正的原则"(70页)。他对这个原则的理解是什么?他看似也使用了零或接近零的贴现率假定。这一假定的影响是根本性的。诺德豪斯在使用自己更高贴现率的模型来重新计算斯特恩得出的结果时,得出了完全不同的结果。我坚持认为,在主流媒体中读到关于《斯特恩报告》的报道的读者们,并不知道这些事情。

斯特恩的贴现率问题多少是有点复杂的。(就像今天的气候模型中的很多其他复杂的假定)诺德豪斯"解读"出斯特恩的贴现率是0.1%。门德尔松在上文已经引用过的关于《斯特恩报告》的评价中说:"《斯特恩报告》假定贴现率是消费增长率之上0.1个百分点。因为消费假定以1.3%的速度增长(如第3章中所讨论过的——作者注),所以贴现率就是1.4%。"(42页)门德尔松连这个贴现率都觉得太低,觉得是对未来的高估。佩尔科科和尼茨坎普(Percoco and Nijkamp,2007)罗列了对各个国家社会贴现率的13种不同估计,他们最后得出的平

> (斯特恩)报告说,鉴于不确定性的存在,所使用的贴现率必须降低。我们所讲的恰恰相反。因为我们关于未来的知识随着时间跨度的延伸将变得更加不确定,贴现率无论如何应随着时间增加而不是逐渐减少。
>
> 比亚特(I. Byatt)、卡瑟尔(I. Castles)
> 戈克兰尼(I. M. Goklany)、亨德森(D. Henderson)
> 罗森(N. Lawson)、麦克特里克(R. McKitrick)
> 莫里斯(J. Morris)、皮考克(A. Peacock)
> 罗宾逊(C. Robinson)、斯基德尔斯基(R. Skidelsky)
> 《世界经济学丛刊》[*World Economics Journal*]作者组

均值是 4.6%。这要比斯特恩的贴现率高得多了。

为了把问题搞得更清楚,尼古拉斯·斯特恩(Nicholas Stern)发表了称为阐释性补充材料的《斯特恩报告后续:反思与反应》(*After the Stern Review: Reflections and Responses*,2007 年 2 月 12 日),他在文中解释了贴现率与"纯时间贴现率"的不同,澄清后者等于 0.1%。因此,与诺德豪斯相比,门德尔松将更有可能是对的,然而,对于所有人而言这并不非常清楚,也不是很容易理解的。

门德尔松恰如其分地指出,斯特恩的贴现率无论如何都太低了(不同的作者使用了从 3%到 6%不等的值),并且他还批评斯特恩未使用任何可以用以估计对抗全球变暖的成本的贴现率这一事实。"《斯特恩报告》中的这些成本,需要乘以 3,才能与变暖带来损失的计算保持一致。"

零社会贴现率(或接近零的社会贴现率)令未来看似与今天一样重要。我冒昧地说,一切都取决于我们是否能理解这一陈述的荒诞性。假如我们不能理解,那么认真的探讨就没有意义,也得不出任何结论。

假如作一总结,我们可以引用提斯卡的话:"或许在全球变暖的争论当中,经济学理论的主要贡献在于,其要求必须具体说明分析所基于的所有假定,即把这些假定与分析本身的结论明确地区分开来。"应该说,这是对任何科学工作的基本要求。

第五章

灾难『将要来临』？

方法论概述：成本及效益分析，或者预警原则之绝对化？

- 预警原则的问题
- 环保主义者如何在没有证据的情况下，使用这项原则为其干预行为辩护
- 他们此项行为的伪善之处
- "可再生"资源的问题
- 平衡世界中预警原则的不适当性和成本效益分析的适合性

在全球变暖问题的背景下,另一个需要明确提出的重大问题是所谓的预警原则(有时被称为预防措施或预警措施)。预警原则曾被环保主义者误解(或许以他们个人角度算是理解),而无论从哪一方面,本质上讲是被滥用于其野心。

他们以先验及绝对主义的方式使用这一原则,这导致他们为毫无理由的最大限度规避风险进行自我辩护。我不想以任何方式嘲笑这种原则,因为这本身正是"人性"所在,然而这种原则一定要有其限度。每一个理性的个人都会尽量减少风险,这本身并没有错。但最重要的是以合理的方式尽量减少风险。辛格说得好:"如果风险太小而保费太高的话,我就不购买保险……现在他们向我们推销这种保险措施,虽然承保的风险很小(或许根本并无风险),但是保费却非常高昂。"(辛格,2002)。他的观点是,根据《京都议定书》所述,我们应该在2050年之前减少三分之一的能源使用,而这样做仅仅能使温度降低0.05摄氏度!

布尔西克以完全无心的方式向我们展现了其对上述态度的滥用,几乎是一派意外收获的情形:"我们确实没有证据,只是基于预警原则而作出假设。"(引自布尔西克,70页)这句话本身就值得进行专门的推敲和分析。我们是否应该做一些十分激进(且成本高昂)的事情——即使我们没有充分的理由?

经济学家们根本不知道此"原则"的存在。他们的标准教科书中没有提到。他们在处理任何问题时都会考虑正反两面。因

此他们不仅仅考虑效果,也会考虑各方面的成本,即先验预防措施的成本。正因如此,他们反对鲁莽地推行任何许诺带来非零效果的监管干预。他们论述其他措施所能带来的效益和成本,尤其是所谓的机会成本(opportunity costs,由于监管干预而被"错过"的其他活动的效果)。我总是跟学生说,要获得大学文凭,了解"机会成本"的概念是少数先决条件之一。

经济学家还指出,成本不仅由行动产生,也源自于不作为,即不采取行动的情况。无论执行或不执行某项措施,都会有其后果。然而环保主义者并不是这样看待问题。在题为**《不合理的预警原则》**(*The Irrational Precautionary Principle*)一文中,**吉姆·庇隆**(Jim Peron)补充说,这些意见居心叵测,"预警原则"(或预防措施)相当于当今法律理论中的政变"(39页)。我担心,这恐怕还会在司法实践中引发政变,而且不限于司法实践之中。

我们看到,以绝对主义态度解读的预警原则(预防措施)正在实践中被环保主义者所利用,以"证明"任何一种监管干预或禁令的合理性。他们具体履行这种干预或禁令所需要的仅仅是——在绘声绘色地描述即将到来的灾难后,再对未来进行道德而高尚的说教而已,并以阿尔·戈尔的方式展示他们"对人类的关怀"。"如果有某种事情**可能会**造成**伤害**,让我们全力制止它吧。"他们如是说。这里需要注意"可能"和"伤害"两个词。我们应该非常细心地区分"伤害"和"次生效应"。没有什么是"自然而然"地发生或者可能发生的,因为人类的每项活动都有其次生效应(因此也产生了成本),接下来,只差一步之遥就让我们禁绝一切了。

我们在日常生活中几乎每天都会遇到这种思维方式。这种思维方式的典型

> 能源供应会越来越多,稀缺情况会越来越少,这种预期是合理的。
>
> 朱利安·西蒙,经济学家

应用之一——并因此也是今天环保主义者的主要战场——便是他们对于发电的看法。虽然环保主义者们高调连篇,极力反对发电,但他们每天却大量消耗电能。阿尔·戈尔的家宅最近被揭发是用电特大户,确实耐人寻味。**环保主义者当然不愿意重新回到卢梭式的野蛮人时代,以及他所谓的田园生活当中——至少在他们自己的现实生活中不希望这样。**

迈克尔·赫伯龄(Michael Heberling)在其文章《环保并非易事》("It's Not Easy Being Green")中分析了环保主义者对于各种能源资源的观点,从而充分论证了他们对能源所持观点是片面的和苍白无力的(弗里曼[Freeman],2006年9月)。在环保主义者看来,较之煤、天然气或石油,使用地热始终(而且很自然地)更好——因为他们认为地热能是取之不尽,用之不竭,无穷无尽的——这当然是天大的误会。很显然,开发这种能源的成本极其昂贵,至少依据今天的技术条件来说如此。但他们现在就希望使用这种能源,而不考虑其成本和价格。

他们同样拒绝承认,破坏大自然的不仅有燃煤发电厂,还有水力发电厂。尼罗河畔的阿斯旺市以及巴西的伊瓜苏市都是水力发电厂破坏河流生态系统的铁证。**与环保主义者不同,当地"地位卑微"(却是真正的)的环境保护者非常了解这一事实。**

依据环保主义者的逻辑,以生物质为燃料(即"最近的"植物产品,这是我很喜欢的一个术语)是一件好事,而以煤炭为燃料(即"远古的"植物产物)却是错误的。这没有任何道理。毫无疑问,生物质燃烧也会产生二氧化碳。为什么人们向来不讨论这一点呢?

太阳能和风能也被环保主义者视为"免费"能源,因为它们"永不枯竭"。尽管如此,电力工程师、经济学家以及普通民众都知道,太阳能和风能极其昂贵,而原因是多方面的。原因之一就

> 在捷克，需要兴建 5000 座风力发电站才能取代泰梅林(Temelín)核电站。如果这些发电站毗邻而建，可以从泰梅林一直延伸至布鲁塞尔。
>
> 瓦茨拉夫·克劳斯，自行计算的结果
> 见附录三

是此类发电厂所必不可缺的土地资源远非取之不尽的。土地资源稀缺，而且绝对不是免费的。

赫伯龄指出，如果按照环保主义者的要求，以风力发电生产美国供电总量的 5%，就必须建造 13.2 万台风力涡轮机。这个数字是难以置信的，甚至是不可想象的。有足够的土地——发电所需的首要因素之一——安放这么多的涡轮机吗？能够以合理的价格买到土地吗？为了"生态"目的(或者环境保护主义者的利益)，每年任由 1200 万到 1500 万只小鸟葬身涡轮叶片下，这又是否值得呢？对景观美学的影响又如何呢(正如我们在维也纳北部或柏林南部所看到的那样)？

在谈及《斯特恩报告》时，耶鲁大学环境学教授门德尔松提到一个重要观点："想象安装一台风力涡轮机，铺一块太阳能电池板，是一件很简单的事情。但是，要达到《斯特恩报告》所述的可再生能源的目标，我们需要安装 500 万至 1000 万公顷的太阳能电池板，而且最好是在光照充足的赤道。我们还需要在 3300 万公顷的土地上安装 200 万台风力涡轮机。生物质燃料培植行业还额外需要 5 亿公顷的土地。"(门德尔松，2007，45 页)。他还补充，《斯特恩报告》完全忽略了这些项

> 为了取代核电厂所产生的电力，我们需要建造大约 2 万台风力涡轮机，或者在一万公顷的土地上栽种无其他用途的农作物——所谓的生物质，以用作燃料。一百万公顷占我们所有耕地的四分之一，也是捷克共和国总面积的七分之一。
>
> 马丁·西曼，捷克共和国工贸部部长

目对环境的影响。

　　类似的论证还可以无限地持续下去。然而，目前我最想证明的是，一旦将存在构思错误的"预警原则"应用于煤炭或核燃料，所产生的相关风险——即在缺乏持续连贯、全面仔细的成本效益分析情况下——将导致完全无效的解决方案，并给我们的未来造成无法承受的负担。**现实生活中总是有得有失——谨慎也不例外。谨小慎微往往需要付出最为昂贵的代价。**持相反观点则是一种不负责任的哗众取宠论调。

　　在接受《ICIS 化工行业》(*ICIS Chemical Business*)杂志采访时(见参考文献)，隆伯格举了几个"有得便有失"的典型例证。在美国，虽然农药受到监管，但据估计，每年仍有约 20 人因为食品中的农药残留而死于癌症。因此，禁用农药每年可以挽救 20 条生命。但水果和蔬菜的成本会随之增加(由于不用农药)，价格将上涨，其消耗量将至少下降 10%—15%，估计由于癌症而死亡的人数每年将因此增加至 2.6 万人。20 比 26000，这个比例再清楚不过了。这时预警原则又体现在哪里？

　　在考虑气温上升的影响时也有类似情况。据估计，到 2050 年，英国由于酷热天气而死亡的人数每年将增加 2000 人。与此同时，由严寒引起的死亡人数预计将减少 2 万人——这个比例也是比较悬殊的。来自美国的数据也很有说服力。戈克兰尼在其著作中指出，1979 年至 2002 年期间，共有 8589 人因酷热而死亡，另有 16313 人死于严寒(167 页)。温度轻微上升似乎有助于情况的改善，尽管这只会影响所有死因的 0.056%。

　　因此，我们要对成本和收益(效益)分析说"是"，对预警原则的先验论说"不"。

第六章 全球真的变暖了？

- 捷克的温度数据和其被解读的方式
- 关于全球变暖需要提出的问题
- 政治影响施加于科学之上的效应
- "曲棍球棒"的争论
- 自然气候变化和当下变暖问题的性质
- 冰川和海平面的长期变化
- 许多科学家签署的怀疑声明举例
- 政府间气候变化专门委员会的政治性质
- 一份对摘要的独立复审的重要发现
- 变暖现象也出现在其他的行星

我们不妨先看一些说明性的数据。也不必舍近求远，2007年3月，捷克水文气象研究所出版了相当有说服力的《**捷克气候图集**》（*Climate Atlas of Czechia*）一书（假若使用"捷克共和国"可能更贴切）。我请图集的作者根据某一气象站的长期气温数据，向我提供一组随机的温度时间序列。他们劝我不要选择布拉格，因为布拉格是一个大型城市区域，在捷克不具有典型性。他们建议选用奥帕瓦（Opava）气象站。

奥帕瓦气象站在 1921—2006 年期间测取的温度数据如图6-1 所示。

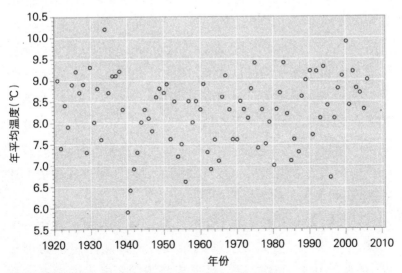

图 6-1 捷克共和国奥帕瓦年平均气温，1921-2006
资料来源：捷克水文气象研究所

乍看起来，在时间上并无明显的趋势。奥帕瓦在过去86年间的平均气温为8.3℃。通过简单的回归分析我们可以得出每年的趋势增量为0.0028℃。对外行人而言，这意味着平均温度每十年增加0.028℃，每百年增加0.28℃。很显然，这一参数估计在统计学上并无显著意义；但是，我并非想找一条直线或曲线作为这一时间序列86个数值的典型代表。我也很清楚，考虑到时间序列相对较短的同时，该时间序列开始点和结束点的选择对结果影响很大，但这不是由我想出来的，而是由捷克水文气象研究所决定的。很显然，选择不同的开始点可能会导致不同的结果。

我们可以在时间序列开始点上"做手脚"——归根结底，也可以在结束点上进行。然而，这也是能够说明问题的。各种可变平均数都是可能的。气象学家使用标准的11年移动平均线——因为这与太阳的活动周期相对应。我自己也计算过比如30年的移动平均线，但是这并未带来任何根本性的改变。根据30年平均线所示，初始温度较高，在70年代之前一直在下降，之后略有上升。对于外行人而言，看看每十年的平均值可能更加容易。在整体平均温度为8.3℃的情况下，1921—1930年以及1931—1940年这两个十年的平均值均为8.5℃，并在1991—2000年间再次达到这一平均值水平。温度高于1921—1940年这20年的时期只有2001—2006年这不足十年的时间。我并不打算依据上述数据得出一般性的结论或以任何方式高估上述数据；在此仅仅是作为说明问题的出发点。

对气候变化包括对全球变暖认真的实证分析，分析的可信度，以及——增加另一新的维度——其媒体演示的可信度，是与前几页所述的社会科学或经济学所考虑的因素完全不同的内容。虽然我们几乎不愿相信这点，但实际上，这基本上是两回事。

美国气候学家协会（American Association of Climatologists）前主席**帕特里克·J·迈克尔斯**(Patrick J. Michaels)在其著作《**消融：科学家、政客及媒体对全球变暖的失实预测**》(*Meltdown: The Predictable Distortion of Global Warming by Scientists, Politicians and the Media*, 2004，见参考文献)中，对全球变暖现象提出质疑——在我看来非常有说服力。他提出三个基本的疑问作为整个问题的合理架构：

- 是否存在全球变暖的现象？
- 如果存在，是否由人的行为造成？
- 如果是人的行为造成的，我们可以做些什么吗？

第四个疑问应该是，适度的气温上升是否会有妨害？

另一美国著名科学家，**辛格教授**也提出类似的疑问。例如，他在《**关于气候变化的争论：评论**》("The Climate Change Debate: Comment", 2006，见参考文献)一文中提到：

1. 关于人类对于当前变暖问题有否重大影响，是否存在支持证据或反对证据？
2. 与现在相比，气候变暖是更好还是更差？
3. 人类真的可以改变气候吗？

和上述两位一样，其他许多人在其著作中得出的结论也与当今流行及"政治正确"的观点截然不同。他们还试图找出现有分歧背后的原因。他们不相信科学本身存在这样大的争议。在其最后的研究《**回顾近期全球变暖的恐怖传说**》(*A Review of*

Recent Global Warming Scare Stories, 2006.8）中，迈克尔斯非常仔细地分析了公共领域"最近关于气候变化的科学报告"以及"关于这些报告的传达方式"。我要补充的是，这份研究是诞生于完整的《斯特恩报告》公布之前，仅在该报告的政治摘要公布之后，而且先于联合国政府间气候变化专门委员会（IPCC）第四次评估报告的"政治摘要"出现。在迈克尔斯看来，最不幸的是，**原有的科学报告与其研究结果在一般媒体公开的展示之间存在巨大差异**。其后果是大众传播领域存在着半真半假的信息，甚至是直接造谣。因而让人觉得，这是故意之作，其主要目的是尽量争取最大数额的公共资金用于专门应对潜在灾难的项目。"不可预见"的灾难越多，科学家能够运用的金钱也越多。

任职于哈佛大学的捷克裔物理学家 L·摩陶（L. Motl）在其**《关于全球变暖的质疑》**（"Doubts about Global Warming"）一文中持类似观点（摘自《人民报》，2007 年 2 月 24 日）：

> 科学家的研究若导致对于现有数据的不同预测或不同解释，这些科学家就会经常受到胁迫。他们会被指控与"邪恶"的石油公司合作，而无权享受相关基金，难以获得提拔与重用。如果有人得出这些不识时务的结论，他的文章就不会被发表。而已发表文章，仍然会依据某种指导性思想，被挑选使用。科学报告总结由最活跃的政治分子，同时也是科学队伍中偏见最深的成员撰写。

以上论述大概已经非常透彻了。我们中的有些人，在专制主义体制下曾有过类似的亲身经历。今天遭受打压的作者必定是感同身受的。

迈克尔·克莱顿（Michael Crichton）在其著作《恐惧状态》（*State of Fear*，捷克文《恐惧世界》，2006）一书中，准确而中肯地论述了这一问题——尽管令某些人恐怖不堪，甚至难以置信，而且还显示出其高超的文学写作技巧。这部著作应该被列为"必读书目"，尽管只是一部"科幻"。同样，英国前财政大臣**诺曼·拉蒙特**（Norman Lamont）在其《诉诸理性》（"Appeal to Reason"，2006）一文中也谈及这一问题。他写道："近来出现一种趋势，即如果气候科学家不同意危言耸听的观点，英国皇家学会对其的资助就可能会中断，这实在令人震惊。"

朱利安·莫里斯（Julian Morris）在其文章《**波普尔、哈耶克与环境监管**》（"Popper, Hayek and Environmental Regulation"，2005）中阐明了略有不同的论断，谈及了更具普遍意义的科学理论形成问题。他提到波普尔（Popper）对于建立科学垄断的批判（K. **波普尔**：《**科学革命的合理化**》["The Rationality of Scientific Revolutions"]），并提醒我们留意"买方独家垄断"的问题，即只有一个"买家"的情况。**就环境学说而言，处于买方垄断地位的是国家**。莫里斯得出结论，由于这一机制，"资金主要流向此类科学家手中，这些科学家可能通过预测模型的建构'确认'关于可怕气候变化的预测，或者已经能够证明可怕的气候变化并打算进一步预测其给人类带来的不利后果。"（13 页）尽管有时情况十分明显，即"气候（与明日的天气不同）变化过于复杂，以至于难以预测"（14 页）。

所幸并不是每个人都对科学将信将疑。例如**比约恩·隆伯格**及其所著的《**满怀狐疑的环境保护论者**》（自由经济学院，布拉格，2006，588 页）便是从严肃的统计学角度出发，拒绝玩弄数字游戏。不同于在其他国家，该书在捷克共和国并未获得深入讨论，即便其捷克语版本出版后都没有过（我于 2004 年 2

月撰写的《**环保激进分子的神经质反应**》["The Ridiculous Reactions of Environmental Activists"]一文中,试图表明这本书在环保主义者及其丹麦和英国等国的"同道"手中的命运。该文详见本书附录二)。

摩陶持类似观点:"足以可见,比约恩·隆伯格综合了潜在变暖现象可能有益于人类的各种论据。一场宗教裁判在现代丹麦展开,更确切地说,丹麦科学诚信委员会(The Danish Committee on Scientific Dishonesty)根据环保激进分子的要求,以闪电速度开始对隆伯格进行裁断。隆伯格经一年之久才被恢复名誉。"(同上)戈克兰尼也持类似立场:"这是自伽利略被裁定为异端之后,科学和信仰领域发生的最离奇的事件之一,隆伯格居然被一个令人联想到奥威尔小说中的极权机构——丹麦科学诚信委员会指控问罪。"(7 页)

在我们这个星球数亿年的进化背景下,谈论地球变暖有意义吗? 每个小孩子在学校都了解到温度变化、冰川时代以及不同于今天的中世纪的各种植物(甚至在我们国家也是如此)。每个人在其一生中也必然会留意到温度达到的最高和最低记录(双向的)。2007 年 1 月是捷克共和国过去 46 年来最温暖的月份。我们能否说 46 年前也发生了全球变暖? 抑或这只是当时发生的偶然偏差?

以下两个摘自克莱顿(2005)著作的图表显示,完全可能用不同于标准的其他方式来清楚地显示相同的时间序列。图 6-2,通过选择特定的时间序列规模和长度,可以使情形戏剧化。图 6-3,则对其进行"冷处理"。

我们应怎样看待气候领域的最新发展呢? 摩陶准确地指出:"20 世纪出现前所未有的气候变暖现象的宣判,体现在所谓的曲棍球棒图中,成为了 2002 年第三份联合国气候报告的

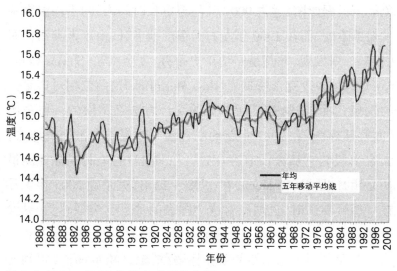

图 6-2 1880—2003 年的全球平均气温

资料来源：M·克莱顿：《我们环境的未来》，全国新闻记者俱乐部，华盛
顿特区，2005。

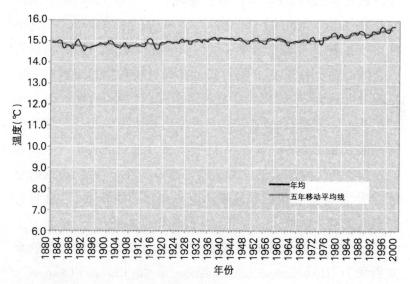

图 6-3 1880—2003 年的全球平均气温

资料来源：M·克莱顿：《我们环境的未来》，全国新闻记者俱乐部，华盛
顿特区，2005。

象征。根据此图,过去 900 年(甚至更长时间内)的平均温度基本保持不变,而在 1900 年左右大幅度地上升(由于人类活动而引起)。据发现,尤其是归功于史蒂芬·麦金太尔(Steven McIntyre)和罗斯·麦克奇特瑞克(Ross McKitrick)这两位相对边缘人的发现,"曲棍球棒图"所基于的统计方法是错误的。原来的"曲棍球棒图"在 2007 年新的联合国气候报告中被悄悄抹去,大家都假装它从来没有存在过。"(同上)这个曲棍球棒图最初是由 M·曼恩(M. Mann)在 1998 年提出,克莱顿 2005 年 1 月在华盛顿演讲时,也谈到对这个图表的命运有类似感受(见参考文献)。

上面提到迈克尔斯的著作标题《消融》(*Meltdown*),提到比如有关冰川的不融化,在此方面极富说服力。在捷克,J·诺瓦克(J. Novák)也就捷克情况对此发表了一篇类似的文章,题为《**气候急剧变暖:新的冰河时代会否来临?**》("The Climate is Getting Drastically Warmer: Is There a New Ice Age Coming?" 见参考文献)。诺瓦克着重强调了气候演变的长期性。他指出,如果人类的寿命有一千岁,"他们就会看到更加奇特的现象……在格陵兰岛建起农场,捷克盛夏时节出现白雪圣诞,在目前荒凉的纽芬兰葡萄成熟,或者在欧洲沿岸出现冰冻的海洋。"那些全球气候变暖理论的受骗者们,还应该接着臆想下去,"荷兰大师们该如何描绘冰冻了的北海上的滑冰者。"至于"我们所说的全球变暖",诺瓦克说,"显然在工业革命之前就开始了"(2 页),即当人类对全球气候的所谓破坏尚未出现之前。

另一位捷克作者 J·巴莱克(J. Balek)在其《**气候变化的水文后果**》("Hydrological Consequences of the Climatic Changes",见参考文献,2006)一文中也提出类似论点。巴莱克指出:"气候的可变性和气候变异总是由地球外部运动周期影响引起。"

（357 页）他接着说："在这个星球的历史上，频繁的人类活动出现的时间很短，实质性的气候变化却在不断地发生，并且早在任何人类活动产生影响之前就出现了。"（368 页）

另一位捷克作者、纽约哥伦比亚大学的**乔治·库克拉**（George Kukla）在其私人信函里也提出了非常类似的论点："目前的气候变暖是一个自然过程，是因为地球绕日轨道的几何变化所引起的。即使人类真的希望阻止这一过程，也无能为力。"他说得非常好，对这一过程的影响，"至少暂时如此，人类作用实在是极其有限。人类会对气候的变化产生影响，但肯定不是始作俑者！"

摩陶曾提过，R·麦克奇特瑞克在进行了详尽透彻的统计分析基础上，在其所著的《**气候变化异常是否存在？**》（"Is the Climate Really Changing Abnormally?" 2005.4）一文中对全球明显变暖的基础理念进行了驳斥。他认为，"20 世纪后期出现了相当频繁的自然气候波动"（10 页），"这种气候变化在近代历史上并不鲜见"（11 页）。

辛格和 D·T·**艾弗里**（D. T. Avery）在这方面作出了重要论证，相关研究成果载于《**地球的 1500 年气候周期的实物证据**》（"The Physical Evidence of Earth's Unstoppable 1500-Year Climate Cycle", 2005.9）当中。该文概述了大量专门研究地球长期气温波动的科学文献（当中提及 101 篇科学论文）。有关的详细论述还可参考最近以类似标题出版的一本著作（辛格、艾弗里，2007）。两位作者的**基本**

> 　　我个人认为，存在着轻微的气候变暖现象。但我认为气候变暖的程度将会比当前的气象学家们的预测模型小得多。变暖的程度非常小，几乎察觉不到。
>
> 弗雷德·辛格
> 美国弗吉尼亚大学大气物理学家

设想在标题中已是显而易见："1500 **年气候周期（误差上下**
500 年）"及其"**不可遏制（unstoppable）**"的特性。

两位作者并不否认存在气候变暖，但认为其程度轻微。然
而，在其广泛分析的基础上，他们相信，这种轻微的气候变暖是
1500 年周期的组成部分，而"人类活动在其中只发挥了非常微
不足道的作用"(1 页)。他们因此提及公元 950 年至 1300 年左
右的"**中世纪暖期**"，公元 1300 年至 1850 年左右的"**小冰河**
期"，最后提到 1850 年之后的"**现代暖期**"。他们提出了一些科
学论据和依据，还提供了文字记载，以及"人类"的口证。

尽管在我看来意义不大（就本文所讨论的问题而言），根
据辛格和艾弗里的诠释，这一周期的原因并非内源性的，而
是外源性的，与太阳活动有关，而且——这是众所周知且被广
泛接受的——"并非恒定"(5 页)。哈佛大学史密森天体物理
学中心的 S·巴里恩纳斯(S. Baliunas)提出类似的论点，她指
出："地球气候自然变化的关键因素是太阳"，但到目前为止，
"我们对太阳活动周期的了解有限，无法将其纳入气候变化模
型之中"。(摘自《**重新审视气候变化：科学、经济学和政策角度**》
[*Reexamining Climate Change: Science, Economics and Policy*]，
2003 年 12 月，2 页)

辛格和艾弗里关于冰川演变的论证与迈克尔斯的类似，也
非常有说服力。冰川在 1500 年的周期过程中也存在着很容易
预见的演变。在 1850 年之后也曾出现过冰川消融的现象（虽然
只是一部分）——这点多少有些令人吃惊——"没有任何证据
显示，北极冰川在二十世纪加快消融"(14 页)。相反，"随着时
间流逝，冰川消融量正在逐年下降"。阿尔卑斯高山冰川也表现
出类似趋势，从 1850 年至今融化了 60%。然而，冰川在此期间
的消融过程却耐人寻味。按质量计算，1855 年至 1890 年期间

消融的冰川比例为 20%，这一百分比在 1890 年至 1925 年期间保持恒定；1925 年至 1960 年期间消融

> 乞力马扎罗山周围地区的温度在不断下降，冰川在一百多年间却不断消融……其消融的原因不是气候变暖，而是大气湿度下降。
>
> CH·C·霍纳(Ch. C. Horner)，竞争企业协会

比例增加 26%，该百分比在 1965 年至 1980 年期间再次保持不变；而 1980 年以来消融的冰川比例再增加 5%。自那时起，环保活动"方才"兴起，普通人（而非科学家）才注意到这种现象。因此，冰川消融与温室效应之间的关系明显为零。虽然我并不打算深究这些细节，但这些事实也很重要。

关于海平面上升的争论也与此类似。在写于 2006 年 12 月但尚未发表的文章中，辛格指出，自 18000 年前的上一个冰河期以来，海平面上升了 120 米！在过去的几个世纪，海平面以每 100 年大约 18 厘米的速度不断上升。辛格教授认为，这一过程目前并未加快，未来也不会加快。（这与阿尔·戈尔引以为论据的詹姆斯·豪瑟[James Hauser]提出的观点相反，豪瑟预测海平面在 21 世纪的上升幅度不是 18 厘米，而是 6 米！）

我更感兴趣的并非在此，而是我认为至关重要的其他方面。1990 年，第一届联合国政府间气候变化专门委员会信心十足地估计，海平面在 21 世纪上升为 66 厘米（该幅度与豪瑟的预测相比太小，与辛格的预测相比则太大）。到了 1996 年，第二届委员会将估计幅度降低到 49 厘米（变动范围为 13—94 厘米）。再到 2001 年，第三届委员会仅公布了 9—88 厘米的范围（并未确定任何最有可能的具体数字）；而最近一次公布是在 2007 年，上届委员会提出了 14—43 厘米这一更为清醒的估计。我多年来一直从事时间序列的分析工作，知道随着数据量的增加，时间序列参数估计模型将变得更加复杂，有关观点也

会相应变化,因此我对这种变化不作任何批判。我所批判的是利用这些数据造成情况越来越严重的印象的做法。戈克兰尼(181 页)引用了丘奇(Church)和怀特(White)于 2006 年撰写的一篇论文,指出到 2100 年,预计海平面可上升 28—34 厘米。这是一种合理的估计。

要在这个问题上获得绝对本质性的认识——特别是对于科学界以外的读者而言——不妨阅读美国加州大学能源和资源名誉教授 J·M·霍兰德(J. M. Hollander)所发表的《匆忙判断》("Rushing to Judgment", 2003)一文。他也认为气候变暖和变冷的周期是"地球亿万年自然气候历史的一部分"(64 页),因此认为,地球在过去两个世纪变暖,而在此前"五百多年变冷"(同上),这是很自然的事情。他认为,关于全球变暖及其原因和影响的许多强硬声明都是基于"政治而非科学"的,因为"所有这些问题在科学上的不确定性都是极大的"。他还补充说:"在目前的政治气氛下……有关气候变化的合理的科学分歧已经被政治噪音淹没。""科学分歧"和"政治噪音"(我还希望加上媒体噪音)这两个词用得非常好。

霍兰德提到,"没有温室气体的话,地球会变得太冷,地球上所有的水都会结冰,我们所知的生命根本不会形成"(65 页)。但他同时指出,"实证科学尚未在二氧化碳增加与观测到的全球变暖之间建立起明确的联系"(66 页)。他还指出:"19 世纪 60 年代至今,地球表面的空气温度只上升了大约 0.6 摄氏度……这与在此期间固体燃料使用的增加之间并无关联……因为大约一半的变暖幅度都发生在 1940 年之前。"(67 页)相反,根据霍兰德所述,地球表面的温度在 1940 年到 1980 年期间降低了 0.1℃,但在接下来的 20 年间再次上升了 0.3℃。(为免混淆,我必须补充一点,其他作者认为降温的趋势仅持续到

20 世纪 70 年代中期。）

霍兰德关于"区域"的说法也非常有趣。在美国领土上"虽然存在着大片的固体燃料使用地区，但 1930 年之后其地表降温的幅度却超过了全球其他地区，而其地表温度上升仅截至 20 世纪 30 年代。"

霍兰德的结论非常明确：**"有史以来，人类曾经在不同的气候带生存和繁衍，当时的气候条件比目前所述由于全球气温变化而带来气候条件更加恶劣"**。（74 页）我认为这绝对是关键性的结论。

I·布列辛纳（I. Brezina）在《**有关全球变暖的科学共识之谬误**》（"The Myth of the Scientific Consensus about Global Warming", 2007.1）一文中也提出了类似问题："为什么那些质疑全球变暖是肤浅概念的科学家们的声音被压制下去？"（62 页）他引用捷克气候学家 J·斯沃博达（J. Svoboda）的观点，即"我们身处自然气候波动的温暖地带"，并补充说，"今天的气候变暖正慢慢结束，气候将开始变冷"。同样，布列辛纳也质问为何媒体并未提及所谓的**海德堡呼吁**（Heidelberg Appeal, 1992）以及所谓的**莱比锡宣言**（Leipzig Declaration, 1996），后者声称，"与众所周知的信念相反，关于温室效应的重要性，今天并不存在一般的科学共识"（64 页）。媒体也没有提到**俄勒冈请愿书**（Oregon Petition, 1998），请愿书的事实基础就在于，"并无令人信服的科学证据可以证明人类释放的二氧化碳、甲烷或其他温室气体目前或在可以预见的将来会导致地球大气层灾难性的升温或者会破坏地球的气候。"所有这些文件都有数以千计的科学家签署。布列辛纳还引用了美国气象学会前主席 M·罗斯（M. Ross）的话，他认为"人类极大地加剧了全球变暖的想法"，是迄今为止他所见过的"**最大规模的科学滥用**"（66 页）。

摩陶也持类似观点:"认为气候变化是人类造成的想法,完全是天真的。"相反,他确信在这些问题上"不可能达成任何终结性的结论","关于全球变暖的人造理论并未像一般科学所要求的那样经过证实。"

上面提到的"海德堡呼吁"是在 1992 年里约热内卢的"地球峰会"上通过的,最初有 425 位科学家签署。今天,签署者已超过 4000 人,包括 72 位诺贝尔奖得主。(我注意到,众多经济学家中,如 G·德布鲁[G. Debreu]、W·里昂惕夫[W. Leontief]、H·M·马科维茨 [H. M. Markowitz]、J·丁伯根 [J. Tinbergen],还包括非常有趣的未来学家兼多产作家艾尔文·托夫勒[Alvin Toffler],还有伊莱·威塞尔[Eli Wiesel],当然如果他的签名被视为认真严肃的——他的签名几乎随处可见。)

"海德堡呼吁"中指出:

> 一种自然状态,有时会被理想化,并让我们向这个理想化的方向努力,但这种自然状态并不存在,而且可能自人类产生,就未曾存在过……
>
> 我们完全赞同科学的生态目标,即要分析、监督和保存宇宙的各种资源……
>
> 但我们谨此要求,这种清点、监督和保存应该建立在科学标准的基础之上,而非建立在不合理的成见上……
>
> 因此我们……警告控制我们这个星球命运的各国政府,不要仅基于伪科学的论据或者错误的、不相关的数据而作出重大决策……
>
> 阻滞我们的地球的最大祸害是无知和意识思想的压迫,而非科学、技术和工业。因为科学、技术和工业,在充分恰当掌握的情况下,是解决人类未来问题,也是应对过度

污染、饥荒和世界性疾病等主要问题的不可或缺的途径。

这里大概不需要再补充什么了。

在撰写本文时，刚好遇上《决策者摘要》(*Summary for Poli-cymakers*)的出版——这是介绍 IPCC（联合国政府间气候变化专门委员会）第四次评估报告的摘要文件，在完整报告出版前发布，当时还引起了不小轰动。从 2007 年 1 月底至 2 月初，它引起了世界各地的广泛关注，因为它暗示说，根据当时一份未发表的文件，即将出现"巨大的变化"。

在尚未充分了解报告内容之前，我不就报告本身发表评论。但我认为，值得注意的是另外的东西。我脑海中想到的是另一份类似的文件，即所谓的《独立决策者摘要》(*Independent Summary for Policymakers*)，这是来自六个国家的十位知名科学家在 2007 年 2 月初为加拿大温哥华的菲沙研究所（Fraser Institute）撰写的。摘要以 IPCC 数据为基础，但撰写过程不受 IPCC 影响。除这十位作者之外，另有来自 15 个国家的其他 54 名科学家被邀请详细阅读这一摘要并充分审核其内容。当被问及这份关于 IPCC 工作的"另类"摘要是否公平公正时，他们在 1—5 分的评价量表（分数越高越好）上给出了 4.4 的平均分——鉴于目前气候学界对此问题存在巨大分歧，这个评价得分相当高。因此，我作为一名门外汉，可以将其作为进一步推理的出发点。

撰写这份另类摘要报告之原因在于，"正统"的报告中，"与温室气体造成地球变暖的假设相抵触的某些研究未受到足够重视"，而"对某些争议的处理有失偏颇"。(5 页)其作者认为最大的问题是，那份给政治家们的报告"并非由科学家撰写，而是由提供经费的政府派出的官僚代表团协商得出。因此其选择的材料未必能反映出科学界本身的优先次序和意图"。
（同上）

　　其作者认为非常有争议的还有，虽然 IPCC 提供了参与撰写报告的科学家的名单，但并不清楚这些科学家最终是否认同此报告的终版，或曾经对此"提出强烈反对"。在过去常见这种情况，即"虽然他们的反对被漠视，但在最终文件中却仍对其表示感谢，使人觉得他们支持文件所述的观点"。（同上）

　　我现将这份《独立摘要》当中——至少对我来说——最重要的结论如下列出：

- "IPCC 只是在有限范围内考虑悬浮微粒、太阳活动和土地利用变化对 20 世纪气候变化的影响"，尽管某些证据表明"整个 20 世纪的太阳活动已上升到历史最高水平"（7 页）；
- "在远古也出现过大规模全球变暖和变冷的先例。目前地球正处于温暖的间冰期，上次间冰期的温度比现在要高"（7 页）；
- "自工业时代开始以来温室气体的排放能够使得地球气温明显变暖，这一假设是严肃的，值得继续关注。然而，此假设完全依赖电脑模拟，并未通过正式的理论依据加以证明"（8 页）；
- "'温室效应'一词比喻不当"（9 页）；
- "二氧化碳排放量的增长速度……等于或略低于世界人口增长率"（11 页），这意味着，"人均碳排放量在过去 30 年并未增加"；
- "悬浮微粒在地球气候中发挥着关键作用。其潜在的影响可以是人类二氧化碳排放的三倍以上，但科学对其影响的认识仍然不足，甚至极其低下"（12 页）；
- "从过去 400 年来看，太阳活动在 20 世纪极其频繁"（14 页）；
- "1974—2004 年间，低层大气中的平均温度趋势在每十年

0.04℃至0.20℃之间变动"，由此推断，下个世纪每十年的上升幅度在"0.14℃至0.58℃之间"（19页）；

- "从陆地收集到的全球平均温度数据，以及海洋表面温度的测量结果……可以发现在1900年到1940年期间出现上升趋势，这种趋势在1979年至今这段时期再次出现"（20页），但"温度上升趋势的意义，在以前的分析中可能被夸大"（21页）。作者强烈促请人们注意一个事实，即"趋势分析的结果往往取决于所使用的统计模型"。对于这一主题，我研究统计和计量经济模型已有15年之久，有很多自己的看法；

- "人们觉得极端天气事件的增加，可能是因为事件报告的增加。目前并没有多少数据能够可靠地确认这种感觉"（25页）。作者甚至指出，结果因"将欧洲的酷热夏季纳入分析"而受到了极大的影响；

- "在上次冰川作用极盛期结束之后的几千年间，全球海平面上升了大约120米，并在2000—3000年前的这段时期保持稳定"（28页）。过去2000年当中的变化已经接近于零。"目前的数据表明，全球平均海平面每年上升2—3毫米"（同上）；

- "阿尔卑斯山区的大部分高山冰川在6000—9000年前消退或消失"，"此后又开始增长，直到19世纪初"（30页）。此后冰川又再次消退，但这种消退在过去几年已经停止；

- "过去一亿年间的气温一般都比现在高，而5000万年前的气温比现在还要高得多"（34页）。最大规模的冰川作用发生在21000年前；

- 今天的研究断然否定了全球气温在1000年间存在"曲棍球棒"波动的假设，这成为2011年第三份IPCC报告的基础；

- 第四份IPCC报告也显示，"不同模型所产生的结果可能相差10倍"（39页）；

- 尽管存在各种不确定性，温度和二氧化碳水平的上升似乎"在未来100年可能导致海平面上升20厘米左右,误差正负10厘米"(45页);
- "更根本性的方法论问题是,没有人类干预的气候系统的平稳状态"(47页),但这与现实不符,因为"气候是自然变化的结果,这种尺度从几天到几百年不等;
- 对我来说,最本质之处在于其得出的有力结论,即**"鉴于众多的不确定性,将气候变化的影响最终归结于人的因素,这纯属看法问题"**(51页);
- 报告中还有一点在我看来也是其本质所在,即**"并无令人信服的证据表明目前存在危险或前所未有的变化"**(52页);
- 研究最后得出结论:**"至于人类对未来气候变化产生何种作用,在这方面仍然存在着不可避免的不确定性因素。"**(52页)

　　我觉得这些都是无法忽视的。同样,克莱顿(2005)也对上述 IPCC 报告进行了类似的、细致的分析。他仔细分析了报告的每一句话——这是我本人很喜欢的一种方法。我们必须分析单个的句子及其中的含义。但很多时候大家并没有这样做。可惜的是,没有人停下来思考一下其中某些表述,例如,"气候在某种程度上是可预见的"、"在目前的科学水平下,只能举出可能结果的说明性例证"、"任何评估总是带有主观成分"、"长期预测未来气候是不可能的。"这些句子都是摘自克莱顿强调过的、联合国委员会的第三次报告。这对于本文的每一位读者来说,具有充分的说服力吗? 对我来说确实如此。

　　这一切不仅存在一个时间维度,还有一个空间维度,因为显然有关的过程并非对称而均匀地分布在这个星球各处。全球变暖对每个人,对于多数人,或者是少数人来说,到底是利还是弊？全球变暖似乎对某些人有利，对某些人则不利。海平面上升可能会威胁到某个太平洋小岛上的居民，克莱顿的"幻想小说"（而非"科幻小说"）中，对这点进行了令人信服的描写。然而，温度上升使广袤的西伯利亚变得适合人类居住——其居住面积将扩大几千倍。诺贝尔经济学奖得主谢林指出，"千百年来，人类活动在广漠的距离之间，经历着极其不同的气候条件。气候的变异比今天任何一种全球变暖假说所提供的陈述都要大得多"（见所引著作）。

卢波什·摩陶对此说得好："没有人能解释为什么在过去25年中，全球变暖只发生在北半球而没有发生在南半球。没有人知道为什么全球海洋在2003年至2005年之间降温，为什么格陵兰自20世纪30年代以来变得更加寒冷，为什么2006年比2005年要冷得多，以及为什么全球平均气温在1940年至1970年间下降——当时人类的二氧化碳排放量几乎与今天相等。"

令我耳目一新的是他的如下论点："全球变暖不仅发生在地球上，还发生在火星、木星、土星，甚至冥王星上！"我的一位朋友对我说，如果这是真的，就没有必要写这本书了，只要在100页上反复重复这个句子即可。

由于技术进步，可支配财富的增加，还有各个国家自我组织能力的提高，世界不同国家和地区适应任何变化的能力无疑是参差不齐的。提前作出任何结论都是错误的。

真正有益的做法是，对所有这些问题开始进行严肃认真的讨论，而不要有政治正确性独权的参与。我曾在某个地方看到诺贝尔物理学奖得主沃尔夫冈·泡利（Wolfgang Pauli）针对另一个问题或理论而发表的意见。他说："这个理论是毫无价值的。甚至没资格说是错误的！"今天盛行一时的全球变暖理论以及关于其原因的假说,可能是错误的,也可能是没有价值的,但就本质上讲,则是极其危险的。

第七章　怎么办？

- 答案就是"什么都不做"
- 专制主义者和环保主义者想要调节和计
  划的动机是达不到目标的
- 在争论中必须首先关注人的自由
- 经济增长是解决环境问题的方式
- 个人应如何降低损害
- 以生态,特别是《京都议定书》的名义进
  行干预所带来的损害
- 我们不能做什么

第一，事实上，对于本章标题唯一合理的答案是"不予理睬"或者"不采取任何特别行动"。应该让人类活动的自发性——不能被任何绝对真理的传教士所制约——顺其自然，否则一切只会变得更糟。数以百万计明智、理性且独立行动的个人所造成的结果总和——只要不是在任何天才或独裁者的组织下发生的——都绝对胜过任何刻意设计人类社会发展进程的行为。

人类的野心勃勃、不懂节制和缺乏谦逊一直以来总是使人类自食其果，专制主义体制已经充分证明了这一点。虽然人类的社会制度在某种程度上是强大的，尽管它有其自然的防御机制且具备较强的承受力（就像自然本身那样），但"呼风唤雨"的各种尝试和行为从长期来看都是代价高昂、不见成效的，并且对人类自由造成破坏性的影响。环保主义者所作的种种努力也不会有与此不同的结果。在任何复杂系统中（如人类社会、经济、语言、法律体系、自然或气候），这样的尝试注定是要失败的。人类有过这方面的经验——也有过各种各样的"群众暴乱"（正如奥尔特加·加塞特[Ortega y Gasset]在其著作《群众的反叛》[La rebelión de las masas]当中提到的）——但总是一次又一次地试图忘记这点。我们身处这个世界，对这一切了解得很清楚，或者至少应该如此。

专制主义者和环保主义者通常认为，系统越复杂，则其能够或可能掌控的自由度就越少，因此就越有必要加以掌控、规

> 我们并非气候变暖的"怀疑论者"。但是我们在接受存在全球变暖现象的普遍共识同时，针对气候变暖的程度和后果以及适当的响应措施提出有效的质疑。特别是，我们可以对国家政策提议持怀疑态度，大多数经济学家都赞同我们。
>
> 肯尼思·P·格林（Kenneth P. Green ）
> 史蒂芬·F·海沃德（Steven F. Hayward）
> 美国企业研究所

范、计划和设计。这种想法是不正确的。路德维希·冯·米塞斯（Ludwig von Mises）和哈耶克（以及整个奥地利经济学派）已证明情况刚好相反——这可能与某些人的直观感受相违背。**可以控制和设计的只是简单的而非复杂的系统。**

复杂的系统不应该也无法通过任何人类计划、项目或工程（或米塞斯所说的"人类设计"）加以有效组织。要在避免严重错误的前提下建立适当的系统，唯一途径是真正的自由的"人类行为"（这也是米塞斯最重要著作的标题）——即，通过数以百万计，甚至数以亿计的个人行为集合加以实现。**这一基本的概念指引也适用于包括全球变暖在内的环境问题。**

我曾提及"自由的人类行动"，即自由。这对我而言绝非只是一句空话，也不是一句义不容辞的信仰声明。我一再强调，一切都与自由有关，而非自然（或气候）——虽然有人故意对此保持沉默。环保主义者不断强调"环境"，但是却忽视了人的自由。几年前，我曾建议改为讨论"生活的环境"——这至少在一定程度上能将问题的焦点从单纯的自然转向社会及其组织。我非常赞成自由基金会威廉·C·丹尼斯（William C. Denis）的看法，他认为**"人类的最佳环境就是自由的环境"。**我坚持认为，这是衡量所有环保概念和明确要求的唯一真正标准。因此，**今天关于全球变暖的辩论本质上是关于自由的辩论。**环保主义者希望掌控我们生活的每一个可能（甚至不可能）的方面。

我在本书中并未以任何方式暗示：在否定环保主义者所建议的实质内容的同时，不应该鼓励和推广生态意识、生态敏感性以及对生态的关注。这根本也并不意味着，人们在很多事情的处理上不能够或者不应该表示出对生态的着重重视，即以一种比今天更好的方式进行处理。本书所提出的论点甚至并不意味着，不可能或不必要制定合理的、非"环保主义"的环境保护政策。（这就好比我们需要社会保护措施，但不需要专制主义者一样。）

> 生育权应该成为一种个人可以买卖和交易的适销商品，但应当受到国家的绝对限制。
>
> 肯尼思·博尔丁（Kenneth Boulding）
> 美国科罗拉多大学博尔德分校经济学教授

没有必要如上所述强行作出种种禁限或制止，也没有必要——以看起来比较随意的做法——大幅度提高价格。也完全没有必要放慢经济增长速度，因为只有经济发展才能应对新增的生态问题（并最终解决这些问题），正如第三章中所讨论的与经济生长不可分割的两个主要因素之影响。一方面，**技术进步**让我们更加呵护自然；另一方面，随着**社会日益富裕**，人们从对生存与物质的需求转向对生活质量及奢侈品的需求，而其中之一就是，环境保护成为最受关注的事项[①]。

> 每个公民每年应该获得一定的免费二氧化碳配额，可将之用于购买天然气、电力、汽油、火车票和飞机票。配额用完之后，必须向其他有剩余配额的人购买。
>
> 乔治·蒙贝尔特，英国记者

让我们把注意力放

[①] 随着财富的增加，人们并不奉行维布伦式（Veblenian）的休闲生活方式——或者更准确地说，不仅仅奉行这种生活方式。——见 T·维布伦（T. Veblen）《**休闲阶层理论**》（*Theory of the Leisure Class*），已于 1899 年出版。

在无数小事上。让我们关掉不必要亮着的电灯。让我们更合理地取暖，或更准确地说，让我们更合理地"凉爽"，因为通常只要打开窗户就足够了。让我们舍弃身边无用的小玩意，即不必要的，只会分散我们的注意力和着眼点的电子产品。让我们尽量避免购买大排量的汽车；让我们别把公共交通工具贴上"弱势群体专用"的标签，我认为这是一种侮辱。让我们避免大量购买个人用品和物品，特别是避免使用从遥远国度进口的产品。

前段时间我在日本参观了以矿泉而闻名的九州别府市。晚餐期间，请我们饮用了上好的矿泉水，这种泉水从地下涌出，几乎无处不在；但第二天在当地极其国际化的大学吃午餐时，我们饮用的却是装在很重的玻璃瓶里的法国依云矿泉水。当时我想，把普通水装在沉重的玻璃瓶里，然后绕半个地球将其运到本来矿泉资源已经极大丰富的地方，这对于生态而言是多么大的负担。我敢说，非进口的水更好。这样才是真正的保护环境，才是真正的善待自然。

除了身边的无数小事外，我们还必须做几件大的事情。我所思考的是系统性的做法，而不仅限于环保。我们有必要创建一种社会制度（或者防止类似的社会制度被破坏或解体），这种社会制度必须能够：

（a）通过其民主的政治机制保障人的自由。

（b）通过其主导的经济机制，即市场、灵活价格以及明确界定的产权关系，保障经济的合理性（也即节省）。这种系统与生态理性是一致的，是通向繁荣（和财富）的唯一道路。

我的这本小书远不可能也并非旨在对上述问题进行详细分析。我们所体验过的专制主义已经让我们充分了解了生态问题的根源。因此，当环保人士批评市场、价格、私有制和利润动机，将这些事物作为当今世界生态问题的罪魁祸首时，我们觉

得这非常地不合理。虽然长期以来我们许多人都懂得这样的理论——专制主义的经验恐怕也能说服所有人相信这一理论——即

> 想象一下，竖起彼此相邻的两根柱子，每一根都大约60米高。在其中一根上放置一台电扇，在另一根上放置一个风车螺旋桨。电扇通过煤炭或核能发电产生的能量运转。由电扇产生的风能推动风车螺旋桨旋转。由于风车发电的售价比驱动风扇所用电力的价格要高三倍以上，这样的项目在经济上具有合理性。该项目在11年之后即可扭亏为盈。
>
> 马丁·西曼，捷克共和国工贸部部长

没有了市场、价格、私有制和利润，人类和自然都无法得到善待。

与这些系统性的先决条件所不同的另一个因素是具体的生态干预。我所谈论的并非由自身利益推动的正常、理智的人类行为，而是以下几种做法，即绝对禁止化工产品（正如滴滴涕臭名昭著的历史一样）、将欧洲 REACH①指令无限放大、强制兴建风力发电厂（最近有人美其名曰"风车"），以及不断降低机动车的尾气排放量上限等等。所有这一切的化身便是针对全球变暖的《京都议定书》。这份文件显然是一个致命错误，理由如下：

- 它设置了不必要的目标，因为关于气候变化的辩论中存在太多的不确定性。
- 它试图解决无法解决的问题，因为无论是外部作用还是自然的内生过程，都是无法"解决"的。
- 它抑制经济增长，而经济增长是应对包括生态在内各种未来挑战的唯一保证。

---

① 化学品的注册、评估、许可和限制。

- 即使遵守《京都议定书》，也不会产生明显效果。
- 它会分散我们对当今世界存在的其他更严重、更迫切，且更能"被解决"的优先事项所应尽的注意力。

弗雷德·辛格在上述引文的著作《关于**气候变化的争论：评论**》中坚决反对为了"稳定气候"所作的努力，他认为这种努力是毫无意义的，因为"气候一直在变化……虽然平均来说，自刚开始变化就不是很大"（1页）。气候作为一个整体显现出"很好的稳定性，尽管大气当中二氧化碳等温室气体的水平变化很大（五亿年前的水平大约是目前的十倍以上）"。

因此，他认为通过"稳定大气当中温室气体的浓度"而稳定气候的努力都是完全错误的。他批评了政府间气候变化专门委员会的意见，即"我们必须将全球排放量减少60%至80%才能稳定大气中的二氧化碳水平"（4页）！这种减幅甚至在《京都议定书》中都未曾提及，因为这很明显是不可行的。这样一个高成本的艰巨项目唯一所能够达到的是，仅能够"将温室气体水平的上升速度延迟大概六年"。其对于气候的影响完全可以忽略不计——所涉及的温度变化最大只有0.02—0.03摄氏度，普通的温度计根本无法测量。

著名的隆伯格对于《京都议定书》可能产生的影响持类似看法。他在接受《ICIS **化工行业**》（*ICIS Chemical Business*，2007年2月5日）采访时表示，如果《京都议定书》在本世纪余下的时间内能够全面实施，"全球

> 我们为什么要把有限的资源投入去处理实际上不是问题的问题，反而忽略了世界面临的实际问题，例如饥饿、疾病、漠视人权，恐怖主义和核战争的威胁？
>
> 弗雷德·辛格
> 美国弗吉尼亚大学大气物理学家

变暖可推迟 5 年。本来应该在 2100 年所达到的温度将被推迟到 2105 年实现。"

另一位同样著名的科学家 **迈克尔斯**（《今日美国》，2007 年 2 月 5 日）在其所写的《**适应气候变化**》（"Live with Climate Change"）中作出了几乎相同的表述："假如地球上每个国家都严格遵守联合国关于全球变暖的《京都议定书》，那么每 50 年所避免的温度上升也不会超过 0.096℃。"他因此得出更有说服力的结论："《京都议定书》对气候毫无贡献。"

我担心，观看阿尔·戈尔电影的观众恐怕对此一无所知，从他的电影中也无法得知这点。问题的关键正在于此，而非对于自然的无动于衷。

我同意迈克尔斯的观点，即我们拥有比危言耸听的环保分子所说的更多的时间。他的结论在我看来似乎也相当可信："随着气候变暖，上升的幅度趋向稳定，而不会增加。气温上升的幅度自 1975 年以来相当稳定，一直保持在每十年 0.18℃ 的水平。"

我特别赞同他最重要的结论，并将此作为本书结论部分的第一句话："**今天最好的政策就是适应温和的气候变化，并鼓励经济发展，为我们在未来创造更加高效的技术。**"换言之，我们要对保护大自然说"是"，对环保主义论说"不"。

* * *

我们应该怎么办？

- 让我们为自由而非环境奋斗。
- 让我们不要把任何气候变化置于自由和民主等根本问题之上（不要把平均温度的波动加倍）。

- 我们不要自上而下地组织人家的生活。让我们容忍每个人的生活方式。
- 让我们不要屈服于流行趋势。
- 让我们不要容忍科学的政治化，不要接受"科学共识"的错觉，这只不过是高声的少数而绝不是沉默的大多数所达成的共识。
- 让我们对自然保持一种敏感和关注，并要求那些最为高调的环保主义者做到这一点。
- 让我们对人类社会的自发演变保持谦卑的态度。让我们相信其隐含的理性，不要试图将其延缓或改变其方向。
- 让我们不要被灾难性的预测所吓倒，也不要滥用这种预测来为人类生活中的不合理干预进行辩护。

我在 20 世纪 90 年代伊始出版的书中，有一本名为《我不喜欢灾难性的情景》(*I Don't Like Catastrophic Scenarios*)。我在前言中写道："在这个混乱的时代，我希望传播乐观精神和自信，坚信每个人自身的内在力量，及我们能够'共同'找到出路，找到积极的解决方案。"这正是本书力图达到的目标。

在最后一段即将完成之时，美联社发表的一篇新闻稿说，比利时驻政府间专门委员会代表朱利安·凡德布利(Julian Vandeburie)将当前的世界形势与 1938 年的慕尼黑和平会议进行比较，指出"我们处于同一时刻"。这些人确实一无所知。

附 录

针对美国国会众议院和能源与商业委员提出的有关人类对全球变暖和气候变化造成影响的若干问题的回答

问：从人类如何对待气候变化以及如何对公民负责的角度看：在应对气候变化问题上，您认为政策制定者们应考虑哪些因素？

答：所谓的气候变化，尤其是人为导致的气候变化已经成为一个最危险的论调，这些论点旨在歪曲全世界人类的贡献和公共政策。

我的目的并非要为科学界对此现象展开的气候学争论提出新观点。然而，我确信，该场科学辩论始终都不够深刻和严肃，更没有为政策制定者们的应对方案提供充分的依据。我真正担心的是，某些具有政治压力的组织在利用环境话题攻击自由社会的根本性原则。这一点愈加清楚，当我们讨论气候问题时，我们看到的不是有关环境问题的观点碰撞，而是有关人类自由的激烈争论。

如那些生命的大多数时间是在苏维埃式专制主义体制中度过的人一样，我感觉自己有义务这么说：21世纪初期，自由、民主、市场经济和繁荣的最大威胁不是专制主义或其各种各样

的初级形式。专制主义已被野心勃勃的环境主义的威胁所取
代。这种意识形态鼓吹地球和自然,他们打着环保的旗号——
与当初的专制主义学说极其类似——妄图通过一项全世界性
的中央性的(现在是全球性的)规划取代自由和自发的人类演
变进程。

　　环境论者认为他们的观点和看法就是无可置否的真理,他
们通过对媒体复杂巧妙的操纵和公关活动对政策制定者施加
压力,以达成他们的目的。他们将其论调建立在蔓延恐惧和惊
慌的基础上,宣称未来世界正受到严重威胁。在这样的气氛下,
他们逼迫政策制定者们采取强制性措施,并以法规、禁令和条
文对人类日常活动实施肆意限制,让人们屈从于他们强势的官
僚决策。用弗里德里希·哈耶克的话讲,他们甚至试图阻止自
由、自发的人类活动并用他们自己的、令人质疑的"人类项目"
取而代之。

　　环境论者的思维范式是绝对静态的。他们忽略了大自然和
人类社会处于永恒的变化之中的事实,也未认识到全世界的自
然条件、气候、地球上物种的分布等等一直以来都从未有过完
美的状态。他们否认气候是随着地球的存在不断发生根本性的
变化,以及史料记载有关气候波动的证据的事实。他们的理由
仅仅是那些短期内获得的、不完整的观测结果和数据信息,而
这些结果和数据根本无法证明他们所得出的气候将发生灾难
性变化的结论。他们从未全面考虑导致气候变化的各种决定因
素的复杂性,而是指责当前的人类和整个工业文明是造成气候
变化和其他环境风险的罪魁祸首。

　　环境论者以人类对气候变化造成的影响为中心论点,要求
政策制定者们立即采取政治措施限制经济发展、消费或他们认
为不利于环境保护的人类行为。他们不相信社会未来经济的发

展,亦无视有益于未来人类生存的技术进步,甚至忽略了社会财富越多环境质量就越高这一早就被证明了的事实。政策制定者们被迫遵守这种基于投机和毫无依据的理论所得出的、被媒体大肆宣扬的臆断,并采纳各种成本高昂、以消耗稀缺资源为代价的方案,以阻止不可能被阻止的气候变化。事实上,气候变化并不是人类行为的结果,而是由各种内外因共同作用的自然过程导致的(比如持续波动的太阳活动)。

我对您的第一个问题,即"在应对气候变化问题上,您认为政策制定者们应考虑哪些因素"的回答是,政策制定者们在任何情况下都应当坚持作为自由社会的根本性基础的原则。他们不能将人民的选择和决策权交给任何宣称自己比其他民众更了解什么才是对他们最有利的做法的倡议组织手中。政策制定者应保护纳税人的钱,避免将其浪费在那些无法产生有益效果的不可信的项目上。

问:国家政策应当如何解决气候变化及其后果一类的问题,以及应在何种程度上将限制温室气体排放作为此类政策的核心?

答:与影响气候的大自然的力量强度相比,任何政策应当客观地评估人类文明所具有的潜力。试图控制愈加频繁的太阳活动或大洋环流运动的做法是对社会资源的浪费。任何政府行为都不可能阻止宇宙和自然的变换。因此,我不赞同诸如《京都议定书》或此类方案,这些方案仅仅是随意地设定了需要耗费巨大成本的目标,而未考虑这些措施的实际效果。

如果我们接受全球变暖的事实,我认为,我们就能以一种完全不同的方式处理这个问题。我们不应该做那种徒劳无功的试图阻止其发生的事情,而应该做好应对其后果的准备。大气变暖不一定完全就是坏事。有些沙漠面积将会扩大,有些海岸线则可能被淹没,地球上的许多地区——因为原先气候过度恶劣和寒冷导致直到现在都空无一人——可能变成肥沃的土地,养育数以百万计的人口。同样值得注意的是,任何星球的变化都不是在一夜之间发生的。

因此,我谨向各位以示警告,不要采纳基于所谓的预警原则制定的调控政策,这一原则不过是环境论者用来为他们的提议辩护的借口罢了,而此类政策能够产生何种效果他们却无法证明。负责的政策应当考虑此类建议的机会成本,并看到采用徒劳无益的环境论者的政策同时,伤害了其他政策,并由此忽略了全球数以百万计人口的切实需求。每一项政策措施都必须以成本效益分析为依据。

人类已经从一种非常骄傲的知识分子潮流经历中得到过惨痛的教训,这种潮流宣称他们知道如何比自发的市场力量更好地管理社会。这就是专制主义,然而它失败了,并造成千百万人的牺牲。但是现在,又有一种新的主义出现,甚至宣称能够控制大自然并由此管理人类。这种超人的狂傲——就如之前的种种自负——只能以失败告终。世界是一个错综复杂的系统,为避免再次浪费大量资源、抑制人类自由和破坏社会繁荣,不应当按照环境论者提出的人类设计模式来进行组织和管理。

因此,我的建议是多关注那些影响环境质量的成千上万的小事件,保护并支持基础的系统要素,没有它们,经济和社会就无法有效运转——这就是说,保障人类的自由和基本的经济机能,比如自由的市场、运转的价格体系,以及明确定义的所有权。这些是驱使经济主体理性行动的动力。没有它们,任何国家政策都无法保护其公民,也无法保护环境。

政策制定者们应当经得住环境论者叫嚷的必须制定新政

策的论调,因为科学界对气候变化的争论尚存在太多的不确定性。控制引发气候变化的自然因素是不可能的事情。对经济增长调控提案的负面影响,会带来其他潜在风险,包括环境问题。

问: 您所遇到的各种气候变化政策预案对国家经济、消费者利益、创造工作机会,及未来的创新都造成了哪些影响?

答: 政策制定者如果接受环境保护论者最大程度的要求,那么对国家经济的影响将是毁灭性的。虽然此类政策会刺激一小部分经济的增长,但却会使更大一部分的经济体因受到人为限制、法规和约束条件的控制而窒息。增长速度也会跟着下降,公司在国际市场上的竞争力也会受到根本性的影响。同时,此类政策还会对就业和工作机会造成负面影响。只有合理的、有助于促进自发性调整的政策才是政府干预所依据的理由。

问: 所谓的"限制—交易"政策会对缓解气候变化威胁和我们未来应对这些威胁的能力带来哪些效果和影响?

答: "限制—交易"政策是通过更具市场兼容性的措施实现污染减排目标的一个技术工具。如果该方案背后的整体思路是合理化的,它就能发挥作用。但我不觉得通过减排控制气候变化的整体思路是理性的,因此在我看来,考虑其可能实施的技术细节,是次要问题。

问: 世界发达国家对发展中国家应当承担的道德责任是什么?发达国家应当着手实施减排计划而发展中国家就可以继续持续增加排放吗?

答: 发达国家对发展中国家应当承担的道德责任是在全世

界创造一个能够保证产品、服务和资金流可以自由交易的环境,使各个国家能够充分利用比较优势,并由此刺激欠发达国家的经济发展。发达国家人为建立的行政壁垒、限制和法规是对发展中世界的歧视表现,限制其经济增长,延长其贫困和不发达的期限。环境论者的提议恰好就是这类不开明政策的一个案例,这类政策对发展中国家将造成严重伤害。他们将无法应对不合理的环境政策强加给整个世界的限制和标准,亦不能采纳反温室效应的"宗教"要求的新型技术标准,他们的产品将很难进入发达国家的市场,从而他们与发达国家之间的鸿沟将进一步加大。

抵抗气候变化的激进政策只限加于发达国家,这纯粹是一种幻想。如果发达国家接受了环境论者的政策,他们控制和管理整个地球的野心迟早会膨胀到对全球提出减排要求的程度。到那个时候,发展中国家就被迫要接受其不合理的目标和限制,因为"地球第一",而他们的需求是第二位的。环境论者的观点无疑是给形形色色的试图消除新兴工业国家竞争威胁的贸易保护主义者提供了弹药。因此,发达国家的道德责任不是采取各项减排方案。

附录二

环境激进分子的痉挛式反应

　　激进分子的环境保护论(或环境保护论者的激进主义),与其说是关于可控制发展、保护生活环境基本成分及寻找如何创造良好生活环境的合理机制,不如说是一种关于人类及其自由、个人与国家之关系的,利用高尚思想为借口来操纵人类的普通思想,这在近十年里研究这一现象的每个细心的观察者来看,恐怕是相当清晰了。但是,某些事情注定要发生,它们会让人觉得不可思议并提醒你,你所处的既不是斯大林的专制主义时代,更不是奥威尔在其《一九八四》(1984)中所描述的乌托邦之城。

　　2001年,丹麦作家比约恩·隆伯格(在极具威望的剑桥大学出版社)出版了一本名为《多疑的环境保护论者》的著作。这本书相对来讲比较通俗易懂,读起来很不错,因此,吸引了大批读者。事实上这本书是对环境状态的一次广泛的统计研究。这本书没有为关心该话题的读者带来任何革命性的东西,亦没有阐述任何他或她鲜有听说的东西。该本书的结论是,环境问题只能在一个富足和发达的社会中通过财富和科技的手段解决,而无法通过那些要求在全世界范围内降低经济发展和人类社会的自然演变速度的任何灾难预案实现。所以,这是一本乐观的书,这正是它不同于其他传统的环境保护论者悲观预言的地方。该书包含了大量与环境保护论者如何夸大各种危险以及他们如何选择片面的统计数据并误导公众的幕后事实有关的信息。本人在此声明,我没有任何要为该书写评论的意思。

还有一些非常有意思的事情。现实中有许多类似的文章,但没有一篇文章能唤起人们如此强烈的反攻和憎恶情绪。这很可能是因为作者是力争保护环境的同情者之一,因此他属于局中人。这引发了难以置信的反应,和难以置信的、抵制这本书并令其(包括其作者)沉默的行动。我在此得举一个例子。丹麦"科学诚信委员会"(多么奥威尔式的词语!)谴责该书"不符合良好科学规范"。陪审团的成员全部都是隆伯格的反对者,他们提出的这一面之词,引起了强烈反响,一封由300名丹麦学术界人士签名的公开信坚决反对这一单方的结论。然而,类似这样的攻击——在一个每天都有成百上千各种观点的科学作品出版的世界里史无前列——仍一直在继续。

著名的生态活动分子保罗·埃利希(30年前出版的《人口爆炸》——这本书在今天,我希望几乎人人都认为非常荒谬——的作者)竟然抨击剑桥大学出版社未履行标准的审核程序,这已经被证实为无稽之谈,并且被轻易击破。

这些均证明,激进的环境保护论者不希望人们读隆伯格的书,因为该书用极富说服力的语言说明了他们歪曲事实的方法,得出了与他们完全不同的结论——即财富和科技可以解决生态问题。这怎么可能?为什么同样的科学诚信委员会没有攻击怪诞的环境保护论者的这些明显错误?为什么保罗·埃利希(和其他很多人)不说自己早在30年前,当新马尔萨斯主义者们预言世界人口将在2000年之前经历一次大爆炸的时候,就彻底地错了?为什么保罗·埃利希不承认他在与朱利安·西蒙就自然资源的匮乏会急剧增加还是减少的问题所打下的赌局中输了的事实(隆伯格的书中描述的)?

　　从我本人来看,我并非是给《多疑的环境保护论者》写书评,而是解释为什么这本书会让环境保护论者们(环境保护者、环保激进分子、环境论者、"绿色主义者")感到如此不痛快。该书将在捷克共和国出版。① 听听当地的环境保护论者——帕托契卡(Patočka)、库日瓦尔特(Kužvart)或摩尔丹(Moldán)——对该书的评论,一定会非常有意思。我将密切关注他们的反应。

2004 年 2 月

---

① 该书最终于 2006 年 4 月在捷克出版。

附录三

我们应该用风力发电站代替泰梅林核电站吗？

缩写表：

    MW= 百万瓦特 / 兆瓦特

选择的录入数据：

    NPPT* 最大净输出功率（即忽略自身的耗电量）   1900 MW

    典型风力发电站的输出功率   2 MW

    WPP**2006 年德国最大产能利用率 ***   17%

    捷克共和国 WPP 的最大产能利用率的估计值   23%
    （规划中的 WPP 将建设于杜科瓦尼地区的预期使用）

计算假设：

    1. 为便于整体比较，此处选择一个最大功率为 2 兆瓦的 WPP。

    2. 选择的 WPP 的类型："KV Venti 2 MW"，参数如下：

---

* NPPT——泰梅林核电站。

** WPP——风力发电站。

*** 即，2006 年间德国所有风力发电站的产量仅为总装机容量的 17%。

转子直径：	90 米
电杆高度：	105 米
单个 WPP 的重量：	335 吨
混凝土基座的重量：	1472 吨

3. 鉴于本次计算的目的，考虑到技术和安全因素，两个WPP之间的最小间距为：50 米（即，两根电杆之间的距离为 140 米）。

4. 根据 2006 年德国的 WPP 年度平均利用率以及杜科瓦尼地区拟建 WPP 的产能利用率（见上文）计算，可行的 WPP 最大装机容量利用率的估计值是 20%。

5. 建设一个 WPP 所需的土地面积最少为 2 公顷。

最终计算结果：

最大功率等于 NPPT 功率的 WPP 的数量：	950 组
实际功率 *等于 NPPT 功率的 WPP 的数量：	4750 组
实际功率约等于 NPPT 功率的 WPP 所需的材料数量：	8.6 百万吨
实际功率约等于 NPPT 功率的 WPP 所需的土地面积：	95 平方千米
实际功率约等于 NPPT 功率的 WPP 依次排列形成的线路的长度：	665 千米

对该参考计算的解释：

根据保守假设（便于 WPP 的实施），泰梅林核电站的产能

---

* 鉴于风向的不稳定性，估计的利用率并非全年利用率，即，该数字不等于实际的 NPPT 功率——相对于 WPP，NPPT 的利用率要稳定得多。（下同）

可由 4750 个风力发电站代替，建设这些风力发电站需要 860
万吨的材料。假设这些 WPP 相邻布置，它们可以形成一条长达
665 千米、高为 150 米的线路，这差不多相当于泰梅林(位于捷
克共和国的南部)与比利时的布鲁塞尔之间的距离！

　　这一比较并未考虑一个事实，即风力发电站的实际输出稳
定性非常低。因此，为满足特定区域的实际能源需求，必须始终
提供一种不可或缺的传统能源以作备用。

附录四

联合国气候变化大会上的演讲 *

尊敬的同仁们、女士们和先生们：

负责任的政治家们知道，他们必须在必要的时候采取行动。他们知道他们的责任是制定公共政策，以应对将对他们的国民造成威胁的问题。他们还知道，当问题超越国界时，他们必须与来自其他国家的各位同仁建立同盟关系。而这正是许多国际组织成立的原因之一，比如联合国。

然而，政治家们必须确保他们采取的公共政策的成本不能高于这些政策可以带来的收益。他们必须仔细考虑并审慎分析他们的项目和方案。他们必须予以实施，即便他们的政策不合乎流行口味，即便它与当前趋势和政治正确性相背离。祝贺联合国秘书长潘基文成功组织了此次大会，并感谢他为我们提供这个机会，让大家汇聚一堂公开讨论气候变化这一重要的、但观点呈现一边倒的问题。我们承认这些实际的、重大的、危急的和人为的威胁将带来严重的后果，所以我们必须三思而后行。我担心目前的情况并非如此。

下面我将从几个角度出发分析该问题的来龙去脉：

---

* 气候大会于 2007 年 9 月 24 日在纽约联合国总部举行。

1. 与人为和非理性的全球认知相反，对比历史数据来看，过去几年、几十年和几个世纪的全球升温幅度其实是很小的，而且对人类及人类活动造成的影响完全可以忽略不计。

2. 与未来全球变暖有关的潜在威胁仅仅根据投机的预测，而不是依据过去无可辩驳的历史经验及其最终趋势和趋向。这些预测是依据相对较短的一段时期内的一系列相关变量，和旨在解释历史发展但尚未被证明足够可靠的预测模式得出的。

3. 与许多自我保证和自我服务宣言相反，当前尚未对最近发生的气候变化的原因形成科学统一的认识。客观的观察员必须接受一个事实，即争论的双方——认为人类是近期气候变化罪魁祸首的一方，以及认为气候变化是大自然最正常不过的演变进程的一方——均向作为辩论听众的非科学机构提出了强有力的论点。我认为——我们正在做的——过早宣布哪一方赢得了胜利其实是一个悲剧性的错误。

4. 这一科学辩论的结果就是，有人要求立即采取行动，而另一些人则对此表示警惕。理性的应对措施——始终——应取决于风险的大小和发生的可能性以及避免风险所花费代价的巨大程度。作为一名负责任的政治家、一名经济学家和与气候变化经济学相关的书籍的作者，考虑到目前的各种数据和争论，我不得不说，这个风险实在是太小了，而避免风险的成本则过于高昂，同时采纳所谓的被认为极其重要的"预警原则"完全是一项错误的战略。

5. 相信严重的全球变暖趋势实际存在的政治家们——不包括我在内——尤其是相信人类起源应一分为二的人们：一些人赞成采取抑制措施（即控制全球气候变暖），并且已经做好了为其投入大量资源的准备，而另一些人则主张人类应适应环境变化，并依靠现代化和技术进步保护自己，他们更多地看到了未来财富和福利增长带来的有利影响（而且更愿意将公共资金用于这一方面）。第二种方案明显缺乏第一种方案的雄心，但做出的承诺却远大于前者。

6. 整个问题不仅存在时间维度，同时还牵扯空间（或区域）的问题。这一点是联合国尤其应着重考虑的。全世界不同地区的发展、收入和财富水平各不相同，但却要做出全球的、整体和一致的解决方案，付出的代价未免太过高昂，也不公平，而且很大程度上也没有考虑区域差异性。发达国家无权对欠发达国家施加任何额外的压力。对他们实行雄心勃勃的、完全不恰当的环境标准是一种错误的做法，应当从建议的政策措施中排除。

我的建议如下：

1. 联合国应当组建两个对等的政府间气候变化专门委员会（IPCC）并发布两份结果报告。高效、理性辩论的必要条件是摆脱一边倒的意识垄断。为两组科学家提供同样的或对等的财务支持是一项首要的措施。

2. 各国应互相倾听对方的建议，吸取其他国家成功和失败的教训，且任何一个国家都不能单独制定自己的问题解决方案，并决定各项要完成的目标的优先顺序。

我们应当相信人类行为的合理性和人类社会自发演变的结果，而非政治行动的效力。因此，我们应当选择适应这些变化，而非试图控制全球气候。

2007 年 9 月 24 日

参考文献

Climate Atlas of Czechia. Czech Hydrometeorological Institute, Palackého University, Praha, Olomouc, 2007.
《捷克气候图集》，捷克水文气象局，帕拉茨基大学，布拉格，奥洛穆茨，2007 年。

Balek J. "Hydrological Consequences of the Climatic Changes," *Journal of Hydrology and Hydromechanics*, No. 4, 2006.
Balek J.《气候变化对水文的影响》，《水文学及流体力学》杂志，2006 年第 4 期。

Baliunas S. "Reexamining Climate Change: Science, Economics and Policy," Conference Summary, AEI, Washington, D.C., December 2003.
Baliunas S.《气候变化再调查：科学、经济与政策》，会议总结，美国能源独立协会，华盛顿哥伦比亚特区，2003 年 12 月。

Bate R.&M orris J. *Global Warming: Apocalypse or Hot Air?* AEI, Washington, D.C., May 1994.
Bate R.&Morris J.《全球变暖：天启还是危言耸听？》，美国能源独立协会，华盛顿哥伦比亚特区，1994 年 5 月。

Biehl J. *Ekologie a modernizace fašismu na německé extrémní pravici*, Votobia, Olomouc, 1999.
Biehl J.《环保与德国极右派的法西斯现代化》，Votobia，奥洛穆茨，

1999 年.

Bramwell A. *Ecology in the 20th Century*, New Haven, 1989.
Bramwell A.《20 世纪生态学》,纽黑文,1989 年。

Brezina I. "Ecologism as the Green Religion," in *Sustainable Development*, pp. 37 57, Center for Economics and Politics, Praha, 2004.
Brezina I.《生态主义,绿色宗教信仰》,见《可持续发展》,37–57 页,经济与政治研究中心,布拉格,2004 年。

Brezina I. "The Myth of Scientific Consensus on Global Warming," in *REACH Chemical Regulations*, Center for Economics and Politics, January 2007.
Brezina I.《全球变暖的科学共识神话》,见《欧盟化学品注册、评估、许可和限制法案》,经济与政治研究中心,2007 年 1 月。

Brezina I. "The High Priest of the Global-Warming Religion Has No Clothes," *The Young Front Today*, March 3, 2007.
Brezina I.《全球变暖—皇帝的新衣》,《今日青年前线》,2007 年 3 月 3 日。

Brown J. "Travelling the Environmental Kuznets Curve," *Fraser Forum*, April 2005.
Brown J.《环境库兹涅茨曲线之研究》,弗雷泽论坛,2005 年 4 月。

Bursík M. "Let's Not Underestimate Ecological Risks," in *REACH Chemical Regulations*, Center for Economics and Politics, January 2007.
Bursík M.《切勿低估生态风险》,见《欧盟化学品注册、评估、许可和限制法案》,经济与政治研究中心,2007 年 1 月。
Crichton M. "Environmentalism as Religion," Commonwealth Club, San Francisco, August 15, 2003.

Crichton M.《环保主义宗教信仰》,联邦俱乐部,旧金山,2003 年 8 月 15 日。

Crichton M. "Our Environmental Future," National Press Club, Washington, D.C., January 25, 2005.
Crichton M.《我们未来的环境》,国家新闻俱乐部,华盛顿哥伦比亚特区,2005 年 1 月 25 日。

Crichton M. *State of Fear*, HarperCollins, December 7, 2004.
Crichton M.《恐惧之邦》,哈珀·柯林斯出版社,2004 年 12 月 7 日。

Ehrlich Paul R. *The Population Bomb*, New York, Ballantine Books, 1968.
Ehrlich Paul R.《人口爆炸》,纽约,巴兰坦图书公司,1968 年。

Ehrlich Paul R. Harriman R. *A Plan to Save Planet Earth*, New York, Ballantine Books, 1971.
Ehrlich Paul R. Harriman R.《地球拯救计划》,纽约,巴兰坦图书公司,1971 年。

Goklany Indur M. *The Improving State of the World*, CATO Institute, Washington, 2007.
Goklany Indur M.《世界状况的改进》,卡托研究所,华盛顿,2007 年。

Gore Al. *An Inconvenient Truth*, Bloomsbury Publishing, 2006.
Gore Al.《难以忽视的真相》,布鲁姆斯出版社,2006 年。

Gore Al. *Earth in the Balance*, Boston, Houghton Mifflin, 1992.
Gore Al.《濒危的地球》,波士顿,霍顿·米夫林出版社,1992 年。

Grossman G. M.& A. B. Krueger. "Environmental Impact of NAFTA,"

Working Paper No. 3914, Cambridge, MA, National Bureau of Economic Research, 1991.

Grossman G. M.& A. B. Krueger.《北美自由贸易协定对环境的影响》,3914 号剑桥文学硕士工作论文,国家经济研究局,1991 年。

Hampl M. "Stern's Report Rouses Suspicion," Newsletter, Center for Economics and Politics, Praha, February 2007.

Hampl M.《疑虑丛生的斯特恩报告》,时事通讯,经济与政治研究中心,布拉格,2007 年 2 月。

Hampl M. "Depletion of Resources A Splendidly Marketable Myth," Center for Economics and Politics, Praha, February 2004.

Hampl M.《资源枯竭———一个畅销的谎言》,经济与政治研究中心,布拉格,2004 年 2 月。

Hayek F. "The Use of Knowledge in Society," *American Economic Review*, Vol. 35, 1945.

Hayek F.《知识在社会中的运用》,《美国经济评论》,1945 年第 35 卷。

Hayward S. F.& Green K. P. "Scenes from the Climate Inquisition. The Chilling Effect of the Global Warming Consensus," The Weekly Standard, February 19, 2007, Volume 012, Issue 22.

Hayward S. F.& Green K. P. 《气候调查描绘的场景———全球变暖共识的寒蝉效应》,《旗帜周刊》,2007 年 2 月 19 日,第 22 期第 012 卷。

Heberling M. "It's Not Easy Being Green," *Freeman*, September 2006.

Heberling M.《难以为绿》,《自由人》杂志,2006 年 9 月。

Helmer R. "Climate Change Policy in the EU: Chaos and Failure," The European Journal, February 2007.

Helmer R.《欧盟气候变化政策:混乱与无序》,《欧洲杂志》,2007年2月。

Hollander J. M. "Rushing to Judgment," *The Wilson Quarterly*, Spring 2003.
Hollander J. M.《妄加评判》,《威尔逊季刊》,2003年春季。

Horner Ch. C. "The Politically Incorrect Guide to Global Warming, and Environmentalism," Regnery Publishing, Washington, D.C. 2007.
Horner Ch. C.《对全球变暖及环保主义的错误的政治导向》,莱格尼里出版社,华盛顿哥伦比亚特区,2007年。

IPCC. *Climate Change 2001: Synthesis Report: Third Assessment Report of the Intergovernmental Panel on Climate Change*, Cambridge University Press, 2002.
IPCC(政府间气候变化专门委员会).《2001气候变化:综合报告:政府间气候变化专门委员会第三次评估报告》,剑桥大学出版社,2002年。

Klaus V. "What is Europeanism?" *The Young Front Today*, April 8, 2006.
Klaus V.《什么是欧洲主义？》,《今日青年前线》,2006年4月8日。
Klaus V. *The Economy in the Context of Ecological Problems — Twenty Guiding Principles for an Economist*, Center for Environmental Questions, Charles University, Prague, 2003 (written in 1986).
Klaus V.《生态问题背景下的经济——给经济学人的二十条指导原则》,查尔斯大学环境问题研究中心,布拉格,2003年(著于1986年)。

Klaus V. "The Cramped Reaction of the Activists," Newsletter, Center for Economics and Politics, Prague, February 2004.
Klaus V.《激进分子的狭隘反应》,时事通讯,经济与政治研究中心,布拉格,2004 年2 月。

Klaus V. *The Blue, Not Green, Planet*, Dokořán, Prague, 2007.
Klaus V.《蓝色,而不是绿色星球》,Dokořán,布拉格,2007 年.

Klaus V. "About Ecology, Ecologism, and The Environment," *The People's News*, February 9, 2002.
Klaus V.《浅谈生态学、生态主义和环境》,《民众新闻》,2002 年 2 月9 日。

Lamont N. *Appeal to Reason*, Centre for Policy Studies, 2006.
Lamont N.《诉诸理性》,政策研究中心,2006 年。

Lomborg B. *Skeptical Environmentalist. Measuring the Real State of the World*, Cambridge University Press, 2001.
Lomborg B.《持疑的环保论者——考量世界的真实状态》,剑桥大学出版社,2001 年。

Lomborg B. "Speaking With a Skeptical Environmentalist," 2007。
http://www.icis.com/Articles/2007/02/12/4500653/speaking-with-a-skepticalenvironmentalist. html
Lomborg B.《与持疑环保论者的谈话》,2007 年。
http://www.icis.com/Articles/2007/02/12/4500653/speaking-with-a-skepticalenvironmentalist. html

Loužek M. "Let's Not Succumb to the Green Deception," in *Sustainable Development*, Center for Economics and Politics, Prague, 2004.
Loužek M.《别上绿色骗局的当》,见《可持续发展》,经济与政治研究中心,布拉格,2004 年。

Mach P. "The Controversial Theory of Global Warming," Newsletter,

Center for Economics and Politics, Prague, February 2007.

Mach P.《有争议的全球变暖学说》，时事通讯，布拉格，经济与政治研究中心，2007 年。

Manne A. S. "Costs and Benefits of Alternative CO2 Emissions Reduction Strategies," *An Economic Perspective on Climate Change Policies*, Washington D.C., February 1996.

Manne A. S. 《二氧化碳减排替代战略的成本与效益》，《从经济学角度看气候变化政策》，华盛顿哥伦比亚特区，1996 年 2 月。

McKitrick R. "Is the Climate Really Changing Abnormally?" Fraser Forum, April 2005.

McKitrick R.《气候是否真的在发生异常变化？》，弗雷泽论坛，2005 年 4 月。

McKitrick R. et al. *Independent Summary for Policymakers, IPCC Fourth Assessment Report*, The Fraser Institute, January 2007.

McKitrick R. et al. 《给政策制定者的独立总结，IPCC 第四次评估报告》，弗雷泽研究所，2007 年 1 月。

Meadows D. H. & D. L. *The Limits to Growth*, Potomac Associates, New York, 1972.

Meadows D. H. & D. L.《增长的极限》，Potomac Associates，纽约，1972。

Mendelsohn R. "A Critique of the Stern Report," Regulation, Winter 2006 2007.

Mendelsohn R.《斯特恩报告评论》，规则，2006—2007 年冬季。

Mendelsohn R. Williams L. "Comparing Forecasts of the Global Impacts of Climate Change," *Mitigation and Adaptation Strategies for Global*

Change, 2004.

Mendelsohn R. Williams L. 《气候变化全球影响的比较性预测》,《全球气候变化缓解及适应措施》,2004 年。

Mises L. *Human Action*, fourth revised edition, 1996, The Foundation for Economic Education, Inc., Irvington-on-Hudson, New York.
Mises L.《人类行为》,第四修订版,1996 年,经济教育基金会,《Inc.》杂志,哈得孙河河畔地欧文顿,纽约。

Michaels J. P. "Live with Climate Change," *USA Today*, February 5, 2007.
Michaels J. P.《适应气候变化》,《今日美国》,2007 年 2 月 5 日。

Michaels J. P. *Meltdown: The Predictable Distortion of Global Warming by Scientists, Politicians and the Media*, CATO Institute, Washington, D. C., 2004.
Michaels J. P. 《灾难:被科学家、政治家及媒体歪曲的全球变暖预测》,卡托研究所,华盛顿哥伦比亚特区,2004 年。

Michaels J. P. "Is the Sky Really Falling? A Review of Recent Global Warming Scare Stories," *Policy Analysis*, No. 576, CATO Institute, August 2006.
Michaels J. P. 《天真要塌下来了吗? 对近期全球变暖恐怖故事的回顾》,《政策分析》第 576 期,卡托研究所,2006 年 8 月。

Monbiot G. "Drastic Action on Climate Change is Needed Now — and Here's the Plan," The Guardian, October 31, 2006.
Monbiot G. 《气候变化有力举措为当务之急——这就是行动计划》,《卫报》,2006 年 10 月 31 日。

Morris J. "Popper, Hayek and Environmental Regulation," Fraser Forum, April 2005.

Morris J.《爆竹、哈耶克和环保法规》,弗雷泽论坛,2005 年 4 月。

Motl L. "Doubts about Global Warming," *The People's News*, February 24, 2007.

Motl L.《对全球变暖的疑问》,《民众新闻》,2007 年 2 月 24 日。

Motl L. "Controversy: Mr. Metelka's Mistake," *Invisible Dog*, March 2, 2007.

Motl L.《辩论:Metelka 先生的谬误》,《隐形狗》, 2007 年 3 月 2 日。

Nordhaus W. "The Stern Review on the Economics of Climate Change," National Bureau of Economic Research, Working Paper No. 12741, Cambridge, MA, December 2006.

Nordhaus W.《斯特恩报告:气候变化经济学》,12741 号剑桥文学硕士工作论文,国家经济研究局,2006 年 12 月.

Novák J. "The Climate Is Becoming Dramatically Warmer. Is an Ice Age Coming?" *The Economic News*, IN Journal, January 11, 2007

Novák J.《气候正急剧变暖——冰河时期即将来临? 》,《经济新闻》,IN Journal,2007 年 1 月 11 日。

Noriega R. F. *Struggle for the Future: The Poison of Populism and Democracy's Cure*, AEI, Washington, D.C., December 2006.

Noriega R. F.《为明天斗争:民粹主义的毒药与民主的灵药》,美国能源独立协会,华盛顿哥伦比亚特区,2006 年 12 月。

Percoco M.& Nijkamp P. "Individual Time Preferences and Social Discounting: A Survey and A Metaanalysis," The European Regional Science Association, Conference papers No. 06p345, 2007.

Percoco M.& Nijkamp P.《个体时间投入与社会折现:调查与荟萃分析》,欧洲区域科学协会,会议文献第06号文件345页,2007年。

Peron J. "The Irrational Precautionary Principle," *Freeman*, April 2004.
Peron J.《不合理预警原则》,《自由人》,2004年4月。

Petřík. M. "Unpleasant Demagoguery," *Euro*, Nr. 47, 2006.
Petřík. M.《恼人的煽动》,*Euro*, Nr. 47,2006年。

Popper K. "The Rationality of Scientific Revolutions," in *Problems of Scientific Revolutions*, Oxford University Press, 1975.
Popper K.《科学革命的合理性》,见《科学革命相关问题》,牛津大学出版社,1975年。

Říman M. "The New European Tax from Energy," Newsletter, Center for Economics and Politics, Prague, February 2004.
Říman M.《新欧洲能源税收》,时事通讯,经济与政治研究中心,布拉格,2004年2月。

Říman M. "The European Warming Hysteria," The Economic News, March 19, 2007.
Říman M.《欧洲的变暖癔病》,《经济新闻》,2007年3月19日。

Scharper S. B. "The Gaia Hypothesis: Implications for a Christian Political Theology of the Environment," Cross Currents, Summer 1994, http://www.crosscurrents.org/Gaia.htm.
Scharper S. B.《盖亚假设:基督徒的环境政治神学隐喻》,Cross Currents,1994年夏季,http://www.crosscurrents.org/Gaia.htm。

Schelling Th. C. Costs and Benefits of Greenhouse Gas Reduction, in *An*

Economic Perspective on Climate Change Policies, Washington D.C., February 1996.

Schelling Th. C.《温室气体减排的成本与效益》,见《从经济学角度看气候变化政策》,华盛顿哥伦比亚特区,1996 年 2 月。

Schelling Th. C. "Greenhouse Effect," *The Fortune Encyclopedia of Economics*, Warner Books, 1993.

Schelling Th. C. 《温室效应》,《经济学财富百科全书》, 华纳图书公司,1993 年。

Schelling Th. C. "What Makes Greenhouse Sense?" *Foreign Affairs*, May/June 2002.

Schelling Th. C.《温室效应的道理何在》,《外交》,2002 年 5 月/6 月。

Simon J. L. *The State of Humanity*, Cambridge, MA, Blackwell 1995.

Simon J. L.《人类的境地》,剑桥,文学硕士,布莱克威尔,1995 年。

Simon J. L. *The Ultimate Resource*, Princeton University Press, 1981.

Simon J. L.《最后的资源》,普林斯顿大学出版社,1981 年。

Singer S. F. Interview on the Issue of Global Warming, PB 5 — TV, March 12, 2000.

Singer S. F.《全球变暖问题访谈》,PB 5 — TV,2000 年 3 月 12 日。

Singer S. F. "The Climate Change Debate: Comment," *World Economics*, No. 3, 2006.

Singer S. F.《气候变化辩论:评论》,《世界经济学》,2006 年第 3 期。

Singer S. F. The Great Global-Warming Swindle

http://www.projo.com/opinion/contributors/content/CT_singer26_03-26-07_

Q94UG9G.183dd5f.html

Singer S. F.《全球变暖大骗局》

http://www.projo.com/opinion/contributors/content/CT_singer26_03-26-07_
Q94UG9G.183dd5f.html

Singer S. F.& Avery D. T., "The Physical Evidence of Earth's Unstoppable 1500 Year Climate Cycle," Working paper No. 279, NCPA, Dallas, September 2005.

Singer S. F.& Avery D. T.,《有关地球 1500 年循环气候周期的实证》,第 279 号工作论文,国家政策分析中心,达拉斯,2005 年 9 月。

Singer S. F.& Avery D. T., "Unstoppable Global Warming Every 1500 Years," Rownan and Littlefield Publishers, Lanham 2007.

Singer S. F.& Avery D. T.《1500 年周期的全球持续变暖》,Rownan and Littlefield Publishers,兰哈姆 2007.

Staudenmaier P. The Green Wing of the Nazi Party and Its Historical Predecessors, Votobia, Olomouc 1999.

Staudenmaier P.《纳粹党及其前身的绿色羽翼》,Votobia, 奥洛穆茨 1999。

Stern N. Stern Review

http://www.hm-treasury.gov.uk/independent_ reviews/stern_review_eco-nomics_climate_change/sternreview_index.cfm

Stern N.《斯特恩报告》

http://www.hm-treasury.gov.uk/independent_ reviews/stern_review_eco-nomics_climate_change/sternreview_index.cfm

Stern N. After the Stern Review: Reflections and Responses

http://www.hm-treasury.gov.uk/independent_reviews/stern_review_economics_ climate_change/sternreview_index.cfm

Stern N.《斯特恩报告之后：反思与回应》

http://www.hm-treasury.gov.uk/independent_reviews/stern_review_eco-

nomics_ climate_change/sternreview_index.cfm

Strong M. *The Politically Incorrect Guide to Global Warming and Environmentalism*, Regnery Publishing, Washington, D. C. 2007.

Strong M.《立场错误的全球变暖及环保主义指向》，莱格尼里出版社，华盛顿哥伦比亚特区，2007 年。

Tennekes H. "A Personal Call for Modesty, Integrity and Balance," Research Group Weblog, January 2007, http://climatesci.colorado.edu/2007/01/31/a-personal-call-for-modesty-integrity-and-balance-by-henkrik-tennekes

Tennekes H.《对严谨、正直与平衡的个人呼吁》，研究小组博客，2007年 1 月, http://climatesci.colorado.edu/2007/01/31/a-personal-call-for-modesty-integrity-and-balance-by-henkrik-tennekes

Tříska D. *The Economic Analysis of Non-Economic Problems — The Case of Global Warming: Nordhaus vs. Stern*, February 8, 2007（as yet unpublished）.

Tříska D.《非经济问题的经济分析——全球变暖案例：诺德豪斯 vs 斯特恩》，2007 年 2 月 8 日（尚未出版）。

Tucker W. *Progress and Privilege: America in the Age of Environmentalism*, 1st ed. Anchor Books, 1982.

Tucker W.《进步与特权：环保论时代的美国》，第一版，《安克尔丛书》，1982 年。

Tupy M. "The Rise of Populist Parties in Central Europe: Big Government, Corruption, and the Threat to Liberalism," Development Policy Analysis, CATO Institute, Washington, D.C., November 2006.

Tupy M. 《平民党在中欧的兴起：大政府、腐败及其对自由主义的威胁》,卡托研究所,发展政策分析,华盛顿哥伦比亚特区,2006 年 11月。

Usoskin I. G. et al. "Reconstruction of Solar Activity for the Last Millenium Using 10Be Data," Geophysical Research Abstracts, Vol. 5, European Geophysical Society, September 2003,
http://www.cosis.net/abstracts/EAE03/11599/EAE03-J-11599.pdf

Usoskin I. G. et al. 《使用 10Be 数据对上一千年太阳活动的重组》,《地球物理研究文摘》,第 5 卷,欧洲地球物理学会,2003 年 9 月,http://www.cosis.net/abstracts/EAE03/11599/EAE03-J-11599.pdf

出版后记

相信读者对环境保护的议题并不陌生。近些年来，"全球变暖"绝对是最热门的关键词之一。"环保"、"绿色"、"低碳"这些相关概念早已深入人心，渗入到政治、经济、社会、生态等各个领域，甚至成为了关乎人类未来生死攸关的话题。在这场绿色的狂热之下，大至决策制定者，小至平民百姓，每个人都仿佛化身为充满激情的斗士，用"微小而热烈"的力量，像阻止"泰坦尼克号撞向冰山"一样，"悲壮而坚毅"地将地球母亲从"未来的灭亡"之中拯救出来。

然而，在这场保护环境、抵制变暖的战役中，环保的概念却被一再地扩大化。更准确地说，在对未知灾难的恐惧笼罩下，环保似乎逐渐脱离了它谦卑而善良的初衷，被推上了神坛，畸变为一种极端的意识形态，成为政客们建立声望，打击对手的武器，成为科学界分门别派、厚此薄彼的标准，甚至成为发达国家干涉自由贸易，限制发展中国家经济建设的借口。"生态法西斯主义"、"环保主义"、"极端环保主义"等名词的出现，标志着环保本应创造的自由绿洲，悄然之间已被一副藤蔓般的枷锁禁锢。一些冷静下来的人逐渐恢复了清醒的意识，开始了理性的思考。

本书作者瓦茨拉夫·克劳斯先生，曾为金融专业教授，如今又连任捷克共和国总统，具有经济学家和政治家的双重背景。在这本《环保的暴力》中，克劳斯从经济学的角度出发，重新分析了全球变暖宏观话语下一些既成定式的观点和认知,例如资源的耗竭和可再生资源,并以经济学的思路进行层层推演,分析了未来的财富与技术进步问题,未来状态的贴现问题,以及环保的成本与收益问题等。此外,他还以独特的政治家视角,剖析了这场轰轰烈烈的环保运动背后驳杂纷纭的政治实质,描摹了在一片喧嚣的道德煽情之间滋生蔓延的专制主义形态。其与主流环保认知鲜明对立的立场,以及对科学界流弊偏见冷峻无情的揭露,使得这本著作呈现出警示性的力量,发人深省。

《环保的暴力》的观点别具一格。它不仅为读者思考当今环保问题开辟了新的视野,提供了独特的科学论据和思维角度,更为读者思考诸多环保之外的问题提供了各种可能。虽然作者为捷克人,书中所引资料和背景也大多来自捷克本土或欧洲,但对于我国读者而言,该书依然具有可观的参考价值与观照价值。

另外,在本书的引进和编辑过程中,我们得到了各个领域的朋友们的倾力帮助。在此,我们非常感谢《经济观察报》编委、经济观察网副总编辑张宏,经济观察网编辑冯娟,以及来自捷克共和国的Petr Hyl先生的推荐和联络。我们还要感谢译者宋凤云博士,捷克共和国驻华大使利博尔·塞奇卡先生,捷克共和国总统府,以及捷克的GRAND PRINC出版社的贡献和支持。我们还要特别感谢朱幼棣先生为本书所作的切中肯綮的序言。还有许多同仁在此书的出版过程中为我们提供了帮助和支持,无法一一列举,真诚向各位表示我们衷心的感谢。

服务热线:133-6631-2326　139-1140-1220

服务信箱:reader@hinabook.com

后浪出版咨询(北京)有限责任公司
2012 年 8 月

图书在版编目（CIP）数据

环保的暴力 /（捷克）克劳斯著；宋凤云译.
——北京：世界图书出版公司北京公司，2012.7
书名原文：Blue Planet in Green Shackles
ISBN 978-7-5100-4995-8

Ⅰ.①环… Ⅱ.①克… ②宋… Ⅲ.①环境经济学—研究 Ⅳ.①X196

中国版本图书馆 CIP 数据核字（2012）第 171424 号

环保的暴力

著　　者：（捷克）瓦茨拉夫·克劳斯	译　　者：宋凤云	筹划出版：银杏树下
出版统筹：吴兴元　责任编辑：周　格	营销推广：ONEBOOK	装帧制造：墨白空间

出　　版：世界图书出版公司北京公司
出 版 人：张跃明
发　　行：世界图书出版公司北京公司（北京朝内大街 137 号　邮编 100010）
销　　售：各地新华书店
印　　刷：北京正合鼎业印刷技术有限公司
　　　　　（北京市大兴区黄村镇太福庄东口　邮编 102612）
（如存在文字不清、漏印、缺页、倒页、脱页等印装质量问题，请与承印厂联系调换。联系电话:010-61256142）

开　　本：690×960 毫米　1/16
印　　张：9.5　插页 4
字　　数：107 千
版　　次：2012 年 10 月第 1 版
印　　次：2012 年 10 月第 1 次印刷

读者服务：reader@hinabook.com　139-1140-1220
投稿服务：onebook@hinabook.com　133-6631-2326
购书服务：buy@hinabook.com　133-6657-3072
网上订购：www.hinabook.com　（后浪官网）

ISBN 978-7-5100-4995-8　　　　　　　　　　　　定　价：22.80 元